中共成都市委党校“学习贯彻习近平总书记来川视察重要指示精神重大专项课题”资助项目，项目编号：E-2023-ZD002。

持续发力

筑牢长江黄河上游生态屏障的理论与实践研究

董法尧 | 著

中央党校出版集团

国家行政学院出版社
NATIONAL ACADEMY OF GOVERNANCE PRESS

图书在版编目（CIP）数据

持续发力 ：筑牢长江黄河上游生态屏障的理论与实践研究 / 董法尧著. --北京 ：国家行政学院出版社，2024.11

ISBN 978-7-5150-2903-0

Ⅰ. ①持… Ⅱ. ①董… Ⅲ. ①长江流域—上游—生态环境—环境保护—研究②黄河流域—上游—生态环境—环境保护—研究 Ⅳ. ①X321.2

中国国家版本馆 CIP 数据核字（2024）第 104962 号

书　　名　持续发力：筑牢长江黄河上游生态屏障的理论与实践研究
　　　　　CHIXU FALI：ZHULAO CHANGJIANG HUANGHE SHANGYOU SHENGTAI PINGZHANG DE LILUN YU SHIJIAN YANJIU
作　　者　董法尧 著
统筹策划　陈　科
责任编辑　刘　锦
责任校对　许海利
责任印制　吴　霞
出版发行　国家行政学院出版社
　　　　　（北京市海淀区长春桥路 6 号　100089）
综 合 办　（010）68928887
发 行 部　（010）68928866
经　　销　新华书店
印　　刷　北京九州迅驰传媒文化有限公司
版　　次　2024 年 11 月北京第 1 版
印　　次　2024 年 11 月北京第 1 次印刷
开　　本　170 毫米×240 毫米　16 开
印　　张　17
字　　数　225 千字
定　　价　58.00 元

前 言

PREFACE

习近平总书记来川视察时，站在国家生态安全战略格局的高度，要求四川在筑牢长江黄河上游生态屏障上持续发力。习近平总书记的重要指示要求，始终突出生态优先、绿色发展这个鲜明导向，充分彰显了党中央推进生态文明建设的坚定意志和坚强决心，为四川继续做好生态文明建设提供了重要遵循。党的十八大以来，以习近平同志为核心的党中央把生态文明建设作为统筹推进“五位一体”总体布局和协调推进“四个全面”战略布局的重要内容，把坚持人与自然和谐共生纳入新时代坚持和发展中国特色社会主义基本方略，全方位、全地域、全过程加强生态环境保护，决心之大、力度之大、成效之大前所未有。

这些年，四川坚持以习近平生态文明思想为根本遵循和行动指南，坚定走生态优先、绿色发展之路，生态文明建设迈出重大步伐。习近平总书记对四川的生态文明建设一直十分关心，多次作出重要指示。2022 年，习近平总书记在宜宾三江口视察时指出，四川地处长江上游，要增强大局意识，牢固树立上游意识，坚定不移贯彻共抓大保护、不搞大开发方针，筑牢长江上游生态屏障，守护好这一江清水。2023 年 7 月，习近平总书记再次来川视察时强调，要在筑牢长江黄河上游生态屏障上持续发力。四川既是长江上游重要的水源涵养地、黄河上游重要的水源补给区，也是全球生物多样性保护重点地区，要从政治和全局的高度，从人与自然生命共同体的高度把握筑牢长江黄河上游生态屏障这一战略使命，把生态文明建设这篇大文章做好。

“持续发力”既要战略定力，也要工作方法。习近平总书记在视察广元剑阁翠云廊古蜀道后指出，这片全世界最大的人工古柏林，之所以能够延续得这么久、保护得这么好，得益于明代开始颁布实行“官民相禁剪伐”“交树交印”等制度，一直沿袭至今、相习成风，更得益于当地百姓世代共同守护。这启示我们，抓生态文明建设必须搭建好制度框架，抓好制度执行，同时充分调动广大人民群众的积极性主动性创造性，巩固发展新时代生态文明建设成果。

我们要深刻领会把握习近平总书记提出的在筑牢长江黄河上游生态屏障上持续发力的重要要求，把生态文明建设这篇大文章做好。具体而言，应从两个方面发力。一方面，要结合重点工作系统搭建制度框架，坚持山水林田湖草沙一体化保护和系统治理，积极探索生态产品价值实现机制，完善生态保护补偿机制。要加快调整优化产业结构、能源结构、交通运输结构、用地结构，推进资源集约节约利用，积极倡导绿色低碳生产生活方式。另一方面，调动群众参与生态文明建设的积极性，以更高标准打好蓝天、碧水、净土保卫战，让老百姓实实在在感受到生态环境的变化。

生态文明建设功在当代、利在千秋。我们要切实肩负维护国家生态安全重大政治责任，加快美丽四川建设，为子孙后代守护好巴蜀大地的青山绿水、蓝天净土。

目　录

CONTENTS

第一章
"两山"理论的来源与逻辑演进 1

第一节　"两山"理论的思想来源 2

第二节　"两山"理论的逻辑演进 12

第二章
"两山"理论的主要内容与基本特征 23

第一节　"两山"理论的主要内容 23

第二节　"两山"理论的基本特征 34

第三章
四川省生态系统平衡能力的测度与展望 39

第一节　生态系统平衡能力问题的提出 39

第二节　生态账户平衡水平研究方法与模型构建 45

第三节　生态账户平衡能力驱动分析 49

第四节　多元线性回归方程的检验结果 59

第五节　四川省生态账户平衡能力的结论与讨论 63

第四章
四川省在生态环境保护方面面临的挑战与机遇 66

第一节　生态环境保护存在的问题与挑战 66

第二节 生态环境保护面临的机遇 75

第五章
四川省在筑牢长江黄河上游生态屏障上的总体布局 80

第一节 系统推进“三水”共治，巩固提升水环境质量 80
第二节 扎实推进净土减废行动，保持土壤环境总体稳定 86
第三节 加强自然生态保护修复，提升生态系统质量和稳定性 91
第四节 大力推动生态价值转化，建设高品质生活宜居地 95
第五节 积极应对气候变化，建设西部地区低碳发展高地 105
第六节 深化大气污染协同控制，持续改善环境空气质量 109
第七节 推动经济社会全面绿色低碳转型，建设全国绿色发展示范区 112
第八节 深化改革创新，推进环境治理体系和治理能力现代化 116

第六章
川西北地区在筑牢长江黄河上游生态屏障上持续发力 120

第一节 全面实施生态保护与生态修复工程 122
第二节 加强重点区域水生态环境保护，加快国家公园建设 128
第三节 若尔盖县在筑牢长江黄河上游生态屏障上持续发力 134
第四节 康定市在筑牢长江上游生态屏障上持续发力 143

第七章
安宁河流域在筑牢长江黄河上游生态屏障上持续发力 148

第一节 推动碳排放稳步达峰，打造绿色能源富集区 148
第二节 严守生态保护安全红线，探索实现“两山”价值转化 156
第三节 加强多污染物协同治理，建设空气清洁的大凉山 160
第四节 统筹“三水”治理保护，建设碧水滋润的大凉山 164
第五节 推进林草生态保护和产业发展，建设青山翠绿的大凉山 167
第六节 强化土壤固废综合治理，建设洁净无废的大凉山 173
第七节 强化农村环境综合整治，谱写乡村振兴大凉山新篇章 179

第八节　压实环境安全风险防控，建设生态安全的大凉山　185

第九节　西昌市在筑牢长江上游生态屏障上持续发力　189

第八章
成都市在筑牢长江上游生态屏障上持续发力　217

第一节　成都市生态保护与修复推动筑牢长江上游生态屏障的案例　218

第二节　成都市公园城市建设推动筑牢长江上游生态屏障的案例　228

参考文献　255

后　记　259

第一章

“两山”理论的来源与逻辑演进

自党的十八大以来，以习近平同志为核心的党中央，站在中华民族永续发展的高度，深刻认识到生态文明建设在新时代中国特色社会主义事业中的重要地位和战略意义。在这一背景下，创造性地提出了一系列新理念、新思想、新战略，形成了习近平生态文明思想。习近平总书记强调，我们既要追求美丽的自然环境，也要追求经济的繁荣。更重要的是，美丽的自然环境本身就是最宝贵的财富。“两山”理论是习近平总书记关于生态文明建设的重要科学观点之一，也是习近平生态文明思想的核心组成部分。这一理论已经写入党的二十大报告和新修订的《中国共产党章程》中。中共中央宣传部和中华人民共和国生态环境部还编写了《习近平生态文明思想学习纲要》，鼓励全党广大党员干部深入学习领会习近平生态文明思想的核心要义、精神实质、丰富内涵和实践要求。习近平总书记指出：“我们既要绿水青山，也要金山银山。宁要绿水青山，不要金山银山，而且绿水青山就是金山银山。”[①] 需要强调的是，“两山”理论既不是凭空提出的，也不是一时的口号。它有着深厚的理论渊源，是中国共产党长期探索生态文明建设

① 中共中央宣传部，中华人民共和国生态环境部．习近平生态文明思想学习纲要［M].北京：学习出版社，人民出版社，2022：27.

的理论创新和实践总结的结果。它的提出标志着中国在生态文明建设方面取得了重要的理论突破和实践成果。

第一节 “两山”理论的思想来源

恩格斯曾经谈道：“一个民族要想站在科学的最高峰，就一刻也不能没有理论思维。”① 理论是为了适应并回应时代的产物。而理论的形成必然是建立在丰富的思想基础之上。习近平总书记提出的“两山”理论拥有深厚的思想资源和理论渊源，它继承了多重思想传统。首先，马克思主义生态文明思想为“两山”理论提供了理论基础。其次，中国共产党在领导生态文明建设方面形成的理论为该理论提供了直接的思想支持。此外，中国传统文化中的“天人合一”“道法自然”等朴素的生态观念，以及西方哲学中的生态文明思想，也为“两山”理论提供了重要的精神滋养。因此，“两山”理论汇聚了多元而深刻的思想资源，为应对当今时代的生态挑战提供了坚实的理论基础。

一、生态文明思想

每个时代都拥有独特的思想体系。生态文明，作为一种全新的文明理念，孕育于特定时代和社会环境之中。它是在传统的工业文明，尤其是在资本主义工业文明的基础上发展起来的。资本主义工业文明的迅猛发展导致了对生态环境的忽视和牺牲，引发了一系列环境问题和生态危机。“从上世纪 30 年代开始，一些西方国家相继发生多起环境公害事件，损失巨大，震惊世界，引发了人们对资本主义发展模式

① 马克思恩格斯文集：第九卷［M］. 北京：人民出版社，2009：437.

的深刻反思。”① 这一时代背景下，各国对工业文明发展提出了更高的要求，呼唤全新的发展理念。生态文明思想就是在这种背景下萌芽生长的。

（一）文明概念产生及其演变

文明概念的形成是一个有趣的历史过程。从人类文明历史的角度来看，最早的文明形态可以追溯到四大古代文明国家，包括古埃及、古印度、古巴比伦和中国。其中，古埃及是最早形成文明的国家，距今已有 7000 余年的历史。而中华文明是四大古代文明国家中唯一一个从文明伊始就没有中断过，也从未被其他文明所取代过的文明形态。尽管人类文明具有悠久的历史，但对于“文明”（civilisation）这一概念的形成却是近代才开始的，它指的是一个良好的政府。然而，不久之后，“civilisation”一词不再仅用来指代特定的政府形式，而是指将人类从古老的习惯、规范和物质生活方式中解放出来，转向更为复杂或基于罗马法或公民法的生活方式。② 显然，最初的文明概念特指生活方式在罗马法或公民法之下的情况。随后，它逐渐演变成了与野蛮相对立的生活方式和法律制度。

“随着资本主义工业文明在人类文明发展中占据主导地位，文明的内涵与外延在不断深化与延伸，文明开始作为一种生活用语出现在人们的日常生活中，甚至作为一种价值评价标准被人们用于现实的伦理道德评价当中。”③ 对于文明这一概念的理解和认识也是多种多样，有学者认为文明与文化是紧密相连的，甚至是同等的。奥地利著名心理

---

① 习近平谈治国理政：第三卷［M］. 北京：外文出版社，2020：360.

② 阿瑟·赫尔曼. 文明衰落论：西方文化悲观主义的形成与演变［M］. 上海：上海人民出版社，2007：23.

③ 戴圣鹏. 人与自然和谐共生的生态文明［M］. 北京：社会科学文献出版社，2022：8.

学家弗洛伊德就谈道："我不屑于区别文化与文明这两个概念。"[①] 也有人从道德与社会规范的维度来理解文明概念，简化为社会生活领域中的社会素质与伦理道德，可见，文明已经作为一种现代观念根植于人们的头脑中，变成一种生活用语。

文明这一概念随着人类文明的历史演进而生发和变迁，涵盖了人们对文明含义的理解、对文明思想的历史性探索，尤其包括对资本主义工业文明引发的深刻反思和批评，以及对未来更进步文明形态的期待。这些方面共同构成了文明思想的多重维度，并为生态文明思想的形成提供了理论基础。

生态文明概念显然与生态学概念直接相关，从时间概念而言，它的出现晚于文明及生态学概念，直到 20 世纪 80 年代才产生了生态文明的概念。"生态文明的概念最早是苏联学术界在《莫斯科大学学报·科学共产主义》1984 年第 2 期文章《在成熟社会主义条件下培养个人生态文明的途径》中提出的。"[②] 但是也有研究认为，生态文明作为学理性意义上的探讨与研究始于 20 世纪 80 年代中后期的中国。因而，谁最早提出生态文明概念显然存在争议，但是，20 世纪 80 年代以后，随着国内对生态问题的重视与研究，生态文明的概念及思想开始在中国落地生根。1987 年，叶谦在全国生态农业研讨会上作了报告，对生态文明作为了定义："所谓生态文明，就是人类既获利于自然，又还利自然，在改造自然的同时又保护自然，人与自然之间保持着和谐统一的关系。"[③] 这是中国学者关于生态文明的最早定义。

生态文明的概念虽然直到 20 世纪 80 年代才产生，但是其中所包含的生态文明思想和理念却早已有之。生态文明理论的奠基者一般认

---

① 弗洛伊德．一种幻想的未来　文明及其不满［M］．上海：上海人民出版社，2007：22.

② 季昆森．建设生态文明　增强可持续发展的能力［J］．江淮论坛：2011（6）．

③ 张春燕．百年一叶［J］．中国生态文明：2014（1）．

为是美国学者奥多·利奥波德。[①] 他在 1947 年的著作《沙乡年鉴》中提出“大地伦理”思想，认为生态共同体中所有成员地位平等，人类没有特殊地位，要尊重每一个成员。之后生态文明思想广泛传播快速发展，西方生态文明思想主要有三种：生态中心论的生态文明理论、现代人类中心论的生态文明理论、马克思主义生态文明思想。习近平生态文明思想是当代中国的马克思主义生态文明思想，具有中国特色、中国风格、中国气度，丰富发展了当代生态文明思想。

（二）马克思主义生态文明思想

人与自然的关系是人类社会最基本的关系，也是马克思主义理论的基础性理论。中国共产党是马克思主义自然观、生态文明思想的忠诚信仰者和弘扬者。[②] 可以认为，马克思主义的自然观和生态文明思想构成了“两山”理论的基本和最重要的理论渊源。作为马克思主义理论的创始人，马克思和恩格斯提出了深刻而丰富的生态文明思想。他们基于唯物史观的核心理念，利用唯物辩证法来科学分析自然界、人类与社会之间的深层联系，这极大地提升了人类对生态问题的理解和认识。

马克思和恩格斯强调人与自然之间的辩证统一关系。他们认为人是自然界的一部分，人的存在离不开自然，同时自然也是人的对象，两者形成了相互依赖、不可分割的辩证关系。马克思在《1844 年经济学哲学手稿》中谈道：“自然界，就它自身不是人的身体而言，是人的无机的身体。人靠自然界生活。”[③] 这阐明了人与自然界之间基本的关系。一方面，人受自然界的制约；另一方面，人并非完全被动地接受

---

① 王雨辰．走进生态文明［M］．武汉：湖北人民出版社，2011：37.

② 中共中央宣传部，中华人民共和国生态环境部．习近平生态文明思想学习纲要［M］．北京：学习出版社，人民出版社，2022：6.

③ 马克思恩格斯全集：第三卷［M］．北京：人民出版社，2002：272.

自然，因为作为社会性动物，人通过物质资料的生产活动产生社会交往，能够主动改造自然。因此，人与自然之间形成了双向互动的辩证关系。

劳动是人类最基本的活动，马克思认为劳动“是人和自然界之间的过程，是人以自身的活动来中介、调整和控制人和自然之间的物质变换的过程”①。劳动作为一种双向调节人与自然关系的内在本质属性，体现在人通过劳动获取物质资料，并最终将其回归自然，完成物质的转换过程。自然界不仅是人类活动的空间，而且是人类作为劳动主体自由自觉活动与自然共存的场所。人对自然的改造不仅仅是理论上的语言逻辑，而是需要通过实际实践来实现，这个过程包括将“自在的自然界”转换为“人为的自然界”，从而实现自然与人的统一。因此，实践成为连接自然与人辩证统一的关键桥梁。

马克思和恩格斯认为，解决生态问题和生态危机的根本方法也必须通过社会实践活动来实现。他们指出，资本主义私有制本质上是反生态的，无法实现人与自然的和谐共生。只有推翻资本主义制度，改变资本主义的生产方式，人类才能恢复与自然的真实关系，实现与自然的和解。

生态经济学是西方经济社会领域为了审视生态环境问题并探索解决方案而产生的一个流派。这一流派的建立是基于对新古典经济学学派的批判，克服了后者在经济增长理论中的根本缺陷。在全球性和长期性的环境问题，如物种灭绝、雨林破坏、臭氧层耗竭和温室效应等问题日益严重的背景下，新古典环境经济学受到了越来越多的批评。因此，人们提出了生态经济学这一新理论来解决环境问题。② 研究生态经济学首先要从生态学的概念和理论入手。

① 马克思恩格斯文集：第五卷［M］. 北京：人民出版社，2009：207－208.

② 泽尔纳．生态经济学：解决环境问题的新尝试［J］. 国外社会科学，1998（3）：87.

二、生态经济理论

（一）生态学理论

德国思想家恩斯特·海克尔于1866年在其著作《普遍有机体形态学》中首次提出并使用了“生态学”这一概念。海克尔认为，生态学的内涵是自然经济学的知识体系，关注的是自然与经济可持续发展问题。从哲学角度看，生态学旨在重新审视物质生产与交换过程中人与自然的关系，特别是关注这种关系的健康发展。简而言之，生态学强调经济发展与自然之间的关联。在工业化之前的漫长时期里，由于生产力水平较低，经济发展对自然环境的破坏性影响较小，经济和自然保持了一种相对平衡的关系。然而，随着资本主义工业时代的到来，这种平衡被打破。经济的快速发展超过了自然生态的承受限度，导致自然生态遭受破坏，最终这种破坏也会阻碍经济的进一步发展。①

（二）生态经济学理论

美国生态学家莱切尔·卡逊最早将生态学与经济问题相结合进行研究。她指出美国近代资本主义工业发展对自然生态造成了严重危害，并提出了经济发展与生态系统之间的辩证关系，从而开启了生态经济学研究的新篇章。在20世纪60年代，美国经济学家肯尼斯·鲍尔丁首次正式提出生态经济学的概念，使其逐渐成为一个独立的学科领域。②

生态经济学主张将经济中的“理性经济人”（即那些追求个人最大利益的个体）视为社会共同体的成员，而非仅仅是个体。它倡导的经济发展不再单纯追求速度，而是强调为整个社会福祉服务的“大写的

① 戴圣鹏．人与自然和谐共生的生态文明［M］．北京：社会科学文献出版社，2022：10.
② 刘煜，朱成全．回到马克思：生态经济学的偏废与重塑［J］．经济学家，2022（3）：13.

增长”。在生态经济学视角下，经济系统被视为生态系统的一个子系统，现代经济社会发展中出现的生态矛盾本质上源于人与自然关系的失衡。尽管生态经济学克服了新古典经济学“增长经济学”的主要缺陷，并为经济发展提供了新方向，但它最终还是陷入了“增长等同于发展”的思维模式，重新落入了静态的、主观的、个人主义的新古典主义方法论框架中。

（三）马克思恩格斯生态经济思想

资本主义基本矛盾的反自然本性导致了日益加剧的经济危机。在这种体系下，资本家为了追求剩余价值，甚至不惜牺牲生态环境、工人健康以及践踏法律和道德，成为生态危机的根本原因。为了最大化利益，资产阶级动用一切力量开发和占用自然资源，导致对自然的无节制索取和占有。工业发展不可避免地伴随环境污染和生存环境恶化。在资本主义制度下，人与自然的关系异化成了物的关系，生态与经济的协调变得困难，最终导致自然对人类的反噬。恩格斯指出：“资本家所能关心的，只是他们的行为的最直接的效益……销售时可获得的利润成了唯一的动力。”①

自然对人类社会的影响是本源性的。从根本上讲，自然界先于人类历史存在，人是自然发展到一定阶段的产物。作为自然界的一部分，人带有自然的属性。自然为人类提供了基本的生存条件。在人类改造自然的过程中，虽然实现了“人化自然”，但对自然的改造并非随心所欲，而是应尊重自然规律，按照规律行事，不能凌驾于自然之上。爱护和保护自然，实际上也是在保护人类自身。

马克思和恩格斯认为，社会发展与人的解放和自然的解放是密切相关的，“自然界起初是作为一种完全异己的、有限威力的和不可制服

① 马克思恩格斯选集：第四卷［M］. 北京：人民出版社，1995：385.

的力量与人们对立的，人们同自然界的关系完全像动物同自然界的关系一样，人们就像牲畜一样慑服于自然界，因而，这是对自然界的一种纯粹动物式的意识”①。20 世纪 50 年代以后，伴随现代工业文明的生产力、科学技术的快速发展，人类的生存环境也遭到严重的破坏，全球性的环境污染使得人与自然的矛盾不断激化，世界环境相继出现温室效应、人口激增、土壤侵蚀、森林锐减等全球性环境问题。马克思认为要解决人与自然的矛盾与冲突就要实现“两个和解”和“两个提升”，“‘两个和解’即人类同自然的和解以及人类本身的和解，要实现‘两个和解’就要求人类实现‘两个提升’，一是在物种方面把人从动物界提升，二是在社会方面把人从其余的动物中提升出来，从而实现人类的真正解放”②。

马克思认为共产主义是真正解决人与自然的矛盾的根本途径，共产主义是对私有财产即人的异化的积极扬弃，只有消灭私有财产和异化劳动，人与自然、人与社会才能和谐统一。马克思和恩格斯是把生态环境问题放到资本主义社会现实中进行考察，解决生态环境问题“单是依靠认识是不够的。这还需要我们对现有的生产方式，以及和这种生产方式连在一起的我们今天的整个社会制度实行完全的变革”③。把人的解放、社会解放和自然的解放统一起来。

三、生态哲学

习近平生态文明思想深深扎根于中华优秀传统生态文化之中，不仅吸收了其中的思想精华，还创造性地加以发展。这一思想深入阐释了人与自然和谐共生的内在规律和本质要求。它推动了中华优秀传统

① 马克思，恩格斯．德意志意识形态：节选本［M］．北京：人民出版社，2003：25-26.
② 吕世荣，周宏．唯物史观的返本开新［M］．北京：人民出版社，2006：103.
③ 马克思恩格斯全集：第二十卷［M］．北京：人民出版社，1971：521.

生态文化的创造性转化与创新性发展，使古老的思想文化在21世纪的当代中国焕发出新的生机活力。习近平生态文明思想不仅体现了中华文化的时代精髓，还彰显了中国精神的时代特色。中华优秀传统文化中包含着极其丰富和深邃的生态哲学思想，体现在儒家和道家思想之中，集中在人与自然关系的认识和阐述上，“天人合一”“道法自然”等思想是其核心。

（一）儒家思想“天人合一”的生态思想

儒家思想是中国传统文化中的主流思想，历经2000余年的传承与发展，对中国政治、经济、文化的影响极其深远。儒家思想以“仁爱”为核心，崇尚“礼乐”，围绕“三纲五常”提倡“忠恕”“中庸”之道。儒家思想重视伦理道德教化和自我修养，主张德治和仁政。

“仁爱为本”的核心理念。儒家生态思想的最重要特点就是以“人”为关注重心，以“仁爱”为基本出发点，以成仁成己、中正和谐、天人合一为追求的目标。[①] 从“天人合一”的根本观念出发，把人与天地并称为“三才”，“有天道焉，有人道焉，有地道焉。兼三材（才）而两之，故六；六者，非它也，三材（才）之道也”[②]，人在三才中居于核心地位，天地万物各自有各自的道理，人道与天地之道并不对立，而是相合而生，所以，儒家特别强调天人关系的和谐与协调，认为“能尽人之性，则能尽物之性；能尽物之性，则可以赞天地之化育；可以赞天地之化育，则可以与天地参矣”[③]，并把天地合德视为人生的理想境界，所以仁爱为本的思想贯通天地人。

“天人合一”的自然观。对于人和天地、自然的关系，儒家尊崇“天人合一”的观点，“天人合一”代表了儒家整体自然观。儒家所称

① 洪修平．论儒佛道三教的生态思想及其异辙同归［J］．世界宗教研究，2021（3）：2.

② 出自《周易·系辞下》。

③ 出自《礼记·中庸》。

的“天”是一个复杂的概念，有三个层面的含义，即主宰之天、物化之天和生命之天，主宰之天占上导地位。孔子认为天主宰人的命运，赋予人生道德，孔子说：“天何言哉？四时行焉，百物生焉，天何言哉！”[①] 天不仅主宰个人的命运，同时也主宰人类社会的命运和德行。物化之天就是把“天”看作天空、天下的人和物、天地之间的万物，荀子把天还原成头顶上的天空，这种天就是自然的天，既不神秘，也不会对人类社会生活产生主宰作用。“天行有常，不为尧存，不为桀亡，应之以治则吉，应之以乱则凶。”[②] 这是朴素的唯物主义观点，既然天是客观存在的事物，人类不必顶礼膜拜，而是要去认识天，利用天。这种物化之天显然是与主宰之天是矛盾的，儒家文化又强调道德教化和价值追求，“天”观念的目的是为社会生活提供伦理依据和人生终极关怀，物化之天的概念显然不能满足这一要求，因此，便演化出第三层含义，生命之天。《易传》中把天的范围由天空、天象等进一步扩展到宇宙万有的境界，天地即可概括宇宙万物，同时，天统地，天地变化生成万物，使得天的概念更加丰富完善。

（二）道家思想“道法自然”的生态智慧

道家思想是中国古代的一种哲学思想，是中国传统文化的重要组成部分，道家思想的核心观念就是“道”，被视为宇宙的根源和存在的本质，它无形、无质、无名、无相，是一个无限、永恒、宏大的概念，万事万物都遵循“道”的自然规律，《道德经》有言：“人法地，地法天，天法道，道法自然。”自然是一种无为而治的状态，自然的规律是宇宙本身所固有的、自发的自然的力量，所以道家主张人应该尊重自然、顺应自然，不要试图干涉和改变自然规律，这样才能达到真正的

① 出自《论语·阳货》。
② 出自《荀子·天论》。

和谐状态。

道家关于生态和谐的思想紧紧围绕“道”来讨论，把人与自然的关系放到整个宇宙的宏大视角去分析，“故道大、天大、地大、人亦大。域中有四大，而人居其一焉”①。人就是这四大中的其中之一，故而人与万物平等，与它们相比，人并没有高人一等，人必须要感恩自然的馈赠，恪守自然的基本规律，反对狂妄自大地掠夺、征服自然。《淮南子》有云：“风兴云蒸，事无不应；雷声雨降，并应无穷……夫太上之道，生万物而不有，成化像而弗宰。”② 以无为的方式治理国家，顺应自然，使天地和谐，阴阳平衡。道家“道法自然”的生态观对后世产生了很大的影响。

第二节 “两山”理论的逻辑演进

时代是思想之母，实践是理论之源。“两山”理论作为习近平生态文明思想的重要理念与基本命题，是在长期的实践过程中逐渐形成、发展和完善起来的，是马克思主义生态文明思想的当代发展，更是长期实践工作经验的总结和提炼，要用历史的眼光去分析。习近平同志从地方到中央，对于生态问题都十分重视，都把它作为自己工作的重要内容。2018 年 5 月，在全国生态环境保护大会上，习近平总书记谈道：“我对生态环境工作历来看得很重。在正定、厦门、宁德、福建、浙江、上海等地工作期间，都把这项工作作为一项重大工作来抓。”③ 习近平总书记的生态情怀起源于陕北梁家河的七年知青生活，那里使他建立了朴素的生态情感。在河北正定工作期间，他开始萌生生态观

① 陆元炽．老子浅释［M］．北京：北京古籍出版社，1987：55.

② 出自《淮南子·原道训》。

③ 习近平．推动我国生态文明建设迈上新台阶［J］．求是，2019（3）：6.

念。随后，在福建和浙江的从政经历中，他的生态思想逐步形成。特别是在浙江工作期间，他首次正式提出了著名的“两山”理论。自党的十八大以后，习近平总书记站在中华民族永续发展和人类文明进步的高度，不断完善和发展“两山”理论，使其成为治国理政的重要理念，也成为推动现代化建设的重大原则。

一、“两山”理论的形成

（一）梁家河工作时期的生态实践

1969 年至 1975 年在陕北延川县梁家河村的 7 年知青岁月是习近平总书记青年时期的重要经历，对他产生了很大的影响，是其人生的一个重要启承点。习近平总书记曾经深情地说道：“我人生第一步所学到的都是在梁家河。不要小看梁家河，这是有大学问的地方。”① 正是这里磨炼了习近平的意志，锻炼了他的才干，使他从一个普通知青成长为大队党支部书记，带领当地老百姓发家致富，孕育了朴素的生态情怀。

1969 年，年仅 15 岁的习近平下乡至陕北黄土高原的一个名叫梁家河的小村庄，成为一名知青。在这里，他度过了自己的 7 年青春时光。当时的梁家河是一个鲜为人知的地方，贫穷且落后。习近平与其他知青一同与村民们耕种、拦河筑坝，共同分享玉米面窝窝，并带领村民建设沼气池、改造厕所，为村里做了许多实事。

梁家河位于黄土高原，这里长年干旱少雨，植被稀疏，土壤疏松，雨水难以保留，沙土流失严重，自然生态环境十分恶劣。在这样的条件下，习近平带领村民充分利用当地特殊的地理环境，在山沟里筑起淤地坝，以此保存水分，改善农田条件，提高了粮食产量。“这体现出

① 梁家河［M］. 西安：陕西出版社，2018：15.

当时习近平在不破坏自然环境的情况下充分地合理利用自然，促进农业生产水平的提高，改善村民的生产生活。”[①] 当年在淤地坝栽种的小树如今已经长成参天大树，当地村民称之为“知青林”，见证了梁家河自然生态环境从坏变好，从漫天黄沙到绿树成荫的巨变。

梁家河村由于经济落后，当地居民面临着煤炭和柴火短缺的问题，使得烹饪、取暖和照明成了生活中的难题。1974 年，习近平在《人民日报》上读到了两篇关于沼气的报道，从中看到了解决问题的希望。他立刻组织村民们收听报道并进行讨论，从而萌生了在梁家河建设沼气池的想法。为此，他前往四川绵阳考察学习建设沼气池的方法。学成归来后，他向公社党委汇报了这一想法，并带领村民组织了建设沼气池的施工队。“那次回去后就得了真传了，建了一口沼气池，就在我住的地方，那个池子是陕西省第一口沼气池。”[②] 在梁家河，超过 70%的家庭都开始使用施工队建造的沼气，这成为当时全县的一大新闻。沼气的使用不仅能充分利用农作物秸秆、柴草和粪便等污染性较大的“废料”作为基本能源，提供照明和解决烹饪问题，沼气池中的肥料还能增肥土地。这样一来，既解决了农村柴草、粪便对环境的污染问题，又解决了农村能源短缺问题，实现了多重效益。这也显示了习近平在青年时期已经萌生了生态农业的思想。

习近平还尝试了“厕所革命”。1973 年，在赵家河参加“整队”工作时，他注意到所住窑洞附近的一个简陋、脏臭的“茅厕”。为了改善这种状况，他翻修了这个厕所，扩大面积，增高围墙，把它改造成赵家河第一个男女分开的、砖石结构的公共厕所。这不仅方便了村民，也提升了村民的文明素质和改善了卫生环境，成为他提出新农村建设要进行“厕所革命”的最早实践。在梁家河期间，无论是筑淤泥坝、

---

① 刘玉新．习近平生态文明思想的演进［D］．上海：上海师范大学，2020：22.

② 梁家河［M］．西安：陕西出版社，2018：24.

办沼气池还是进行“厕所革命”，习近平始终以民为本，办实事，这些生态实践对他后来生态文明思想的形成产生了深远影响。

（二）正定县从政时期的生态观念萌芽

1982年3月到1985年5月，习近平同志在河北省正定县担任县委副书记、书记。在正定工作的三年间，他与当地干部群众建立了深厚的关系，走遍了全县的每一个村庄。他思想开放、前瞻性强、学习能力出众、做事稳重，深入实地调研，了解实际情况，使得正定这个冀中平原的农业县在改革开放的大潮中焕发新生。习近平同志曾经深情地说：“正定是我从政起步的地方，这里是我的第二故乡。”① 正定的工作经历标志着习近平生态文明思想从梁家河时期的感性认识逐渐上升到理性层面，开始深入理论探索，为提出“两山”理论奠定了理论基础。正定县的程宝怀也曾说：“他后来很多思想，都可以在正定工作中找到源头。”②

在正定工作期间，习近平同志率先提出了“宁可不要钱，也不要污染”的环保理念，带领干部群众积极探索经济发展新路径。2015年，河北人民出版社出版了《知之深 爱之切》，收录了习近平同志在正定工作期间的书信、讲话和文章，其中包含了他对自然资源、生态与人口关系的深入思考。他提出：“在合理利用自然资源、保持良好的生态环境、严格控制人口增长的三大前提下搞农业。”③ 他提出“首先要考虑保护和培植资源。……要给自然界以‘返还’”④，实现自然资源的可持续性利用。习近平同志倡导了“旅游立县”和“半城郊型”经济模式。

① 习近平同志在正定［N］. 河北日报，2014-01-03（1）.

② 正定确实是习近平同志从政起步的地方——习近平在正定［N］. 学习时报，2018-01-24（3）.

③ 习近平．知之深 爱之切［M］. 石家庄：河北人民出版社，2015：137.

④ 同上．

当时的正定县虽然农产量高，但人均年收入仅为 148 元。为了解决百姓的生计问题，习近平同志结合当地实际，提出了旅游和半城郊型经济发展策略，为正定县指明了脱贫致富的道路，实现了在保护生态环境的同时促进经济快速发展。他提出农业经济不仅限于农业生产本身，而是一个由农业经济系统、技术系统和生态系统组成的综合体系，提议将正定建设成一个物质循环和能量转化效率高的开放式农业生态经济系统。在这种思想指导下，习近平同志深挖正定的旅游资源，推动旅游业在不破坏生态的基础上发展，实现经济发展与生态保护的可持续性。他以“大农业”思想为指导，发展立体农业，推动种植业、养殖业和服务业的全面、平衡发展。面对过去开荒造田对自然植被造成的破坏，习近平同志提出合理利用和开发沙荒河滩地的策略，种植速生破产林和果树，将荒滩改造成林果基地，实现了变废为宝，合理利用自然资源，同时促进经济发展，改善生态环境。

二、“两山”理论的提出与发展

自 1985 年起，习近平同志在福建、浙江、上海等地担任要职，这一时期对于他提出和发展“两山”理论至关重要。在福建任职期间，他对生态问题的认识得到了进一步深化，在更广阔的区域内探索生态文明建设，提出了许多新思想并大胆实践，为日后提出“两山”理论打下了坚实的理论和实践基础。在江浙任职期间，他提出了“绿水青山就是金山银山”的科学观点。虽然在上海的任职时间较短，但在“两山”理论实践方面依然取得了显著成就。

（一）福建时期的生态建设实践

习近平同志 1985 年至 2002 年在福建工作，先后在特区厦门、山区宁德、省会福州和省委省政府工作了 17 年半的时间，“最好的年华”

都是在这里度过。任职福建期间，习近平同志无论是理论上还是实践上都开始在更广阔的领域积极探索，是生态文明建设的先行者。

生态保护纳入经济社会发展长远规划。1985 年，习近平同志出任厦门市副市长，上任伊始就牵头研究制定了《1985—2000 年厦门经济社会发展战略》，并大力推动生态环保工作，成为全国经济特区最早编制经济社会发展战略规划的城市，经济学家于光远说：“厦门是第一个提到生态问题的。”① 习近平同志对于只追求经济发展而牺牲生态环境的做法深恶痛绝，指出，“由于愚昧造成的破坏已经不是主要方面了，现在是另一种倾向，就是建设性的破坏，这种破坏不一定就是没有文化的人做的，但反映出来的又是一种无知，或者说是一种不负责任”②。他从战略高度重视保护自然风景资源，指出：“保护自然风景资源，影响深远，意义重大。……我来自北方，对厦门的一草一石都感到是很珍贵的。……厦门是属于祖国的，属于民族的，我们应当非常重视和珍惜，好好保护，这要作为战略任务来抓好。”③ 厦门不能走“靠山吃山、靠水吃水”的老路，政府应帮助农村农民广开门路，发展新的就业门路。

经济效益、社会效益和环境效益同步提高。1992 年，习近平同志主持编定了《福州市 20 年经济社会发展战略设想》，提出“城市生态建设”的理念：“要把福州建设成为清洁、优美、舒适、安静，生态环境基本恢复到良性循环的沿海开放城市。”④ 1995 年，他指出：“必须始终贯彻落实可持续发展战略，不能以牺牲环境为代价来片面追求发

---

① 这个年轻的副市长与众不同：习近平在厦门 二 [N]. 学习时报，2019 - 07 - 17 (1).

② 习近平同志在推动厦门经济特区建设发展的探索与实践 [N]. 人民日报，2018 - 06 - 23 (1).

③ 同上.

④ 曹前发. 一种走来的生态情怀 [J]. 中国林业产业，2023 (6): 84.

展速度。坚决制止山海协作中破坏生态和污染环境的项目上马。”[①] 他在1996年撰写的《扎扎实实转变经济增长方式》一文中提出：“加强以治理废水、废气、废渣和噪声为主要内容的城市环境综合治理。实现垃圾无害化处理，使经济效益、社会效益、环境效益得到同步提高。”[②] 除此之外，习近平同志还进行了一系列创新实践，开启集体林权制度改革，实施特殊生态功能区、重点资源开发区和生态良好区“三区保护战略”，推进福建“生态省”建设等措施，进一步丰富了生态文明实践。

（二）浙江时期提出“两山”理论

2002年，习近平同志来到浙江省工作，他十分重视江浙省的生态建设，首次提出“绿水青山就是金山银山”的著名论断，从“八八战略”中打造“绿色浙江”。

“两山”理论的提出。2005年8月15日，时任浙江省委书记的习近平来到浙江余村调研，了解到当地关掉石矿、水泥厂，老百姓靠发展生态旅游发家致富，他很有感触：“我们要留下最美好的、最宝贵的，也要有所不为，这样也许会牺牲一些增长速度。……刚才你们讲了，要下决定停掉矿山，这些都是高明之举，绿水青山就是金山银山。”[③] 这是习近平首次明确提出“绿水青山就是金山银山”这一重要论断。调研结束后，习近平同志以笔名“哲欣”在《浙江日报》头版“之江新语”栏目中发表《绿水青山也是金山银山》短评，指出：“我们追求人与自然的和谐，经济与社会的和谐，通俗地讲，就是既要绿水青山，又要金山银山。”并且认证了二者的辩证关系，“绿水青山可

---

① 习近平．山海协作 联动发展 加快建设海峡两岸繁荣带［J］．福建通讯，1995（10）：5.

② 习近平．扎扎实实转变经济增长方式［J］．求是，1996（10）：30.

③ 辛本健，顾春，王洲，等．习近平叮嘱我们护好绿水青山［N］．人民日报，2018－09－16（1）．

带来金山银山，但金山银山却买不到绿水青山。绿水青山与金山银山既会产生矛盾，又可辩证统一”。这就是“两山”理论的提出过程。

“两山”理论的三个认识阶段。2006年3月8日，习近平同志在中国人民大学的一次演讲中进一步阐述了“两山”理论的丰富内涵，他认为，在不同的发展阶段，人们对“两山”关系的认识是不断发展的，具体可分为三个阶段：第一个阶段，用绿水青山去换金山银山，不考虑或者很少考虑环境的承载能力，一味索取。第二个阶段，既要金山银山，但是也要保住绿水青山。因为环境恶化，资源匮乏引发人与自然的矛盾冲突，人们开始意识到环境是人们的生存根本，要把保护生态放在首位。第三个阶段，认识到绿水青山可以源源不断地带来金山银山，绿水青山本身就是金山银山，生态环境与经济发展和谐相生，浑然一体。

“两山”理论的实践路径——实施“八八战略”，习近平同志立足浙江的生态环境优势提出“以建设生态省为重要载体和突破口，加快建设‘绿色浙江’，努力实现人口、资源、环境协调发展”。2003年7月3日，习近平同志在《浙江日报》发表《生态兴则文明兴——推进生态建设打造“绿色浙江”》，提出“生态兴则文明兴，生态衰则文明衰”[①] 这一重要思想。“八八战略”构建了浙江生态文明，为打造“绿色浙江”绘就宏伟蓝图：一是实施山海协作工程，整合山海资源，念好“山海经”；二是发展循环经济，主张“腾笼换鸟”，加速经济绿色转型；三是实施“百亿生态环境建设”工程，给予生态环境建设大量资金支持；四是实施“千村示范、万村整治”工程，改善村容村貌。“八八战略”解决了浙江经济发展中的“成长的烦恼”，推动了浙江发展方式的全面转型升级。

---

① 习近平．干在实处 走在前列：推进浙江新发展的思考与实践［M］．北京：中共中央党校出版社，2006：186.

三、“两山”理论的成熟

党的十八届一中全会以后，习近平总书记开始全面领导中央工作。在党的十八大报告中，中国特色社会主义事业的总体布局从“四位一体”扩展至“五位一体”，将生态建设纳入了国家的总体规划。习近平总书记凭借深厚的民生情怀、坚定的历史责任感和深邃的辩证思维，系统全面地提出了一系列新的生态文明理念、观点和思想，不断充实和完善了“两山”理论。到了 2018 年的全国生态环境保护大会上，习近平生态文明思想被正式确立，成为新时代生态文明建设的基本遵循和行动指南。

（一）人与自然是生命共同体

人与自然的关系是人类社会最基本的关系，同时也是生态文明建设的核心议题。在深入理解人与自然关系的历史演进规律和现实生态建设的实践基础上，习近平总书记创造性地提出了“人与自然是生命共同体”的新思想，这一思想极大地丰富和发展了马克思主义的共同体理念。习近平总书记首先提出“山水林田湖是一个生命共同体”，2013 年 11 月，习近平总书记所作的《关于〈中共中央关于全面深化改革若干重大问题的决定〉的说明》中强调：“人的命脉在田，田的命脉在水，水的命脉在山，山的命脉在土，土的命脉在树……如果种树的只管种树、治水的只管治水、护田的单纯护田，很容易顾此失彼，最终造成生态的系统性破坏。”2017 年 7 月，习近平总书记在中央全面深化改革领导小组第三十七次会议讲话中又提出坚持山水林田湖草是一个生命共同体；2021 年 3 月 5 日，习近平总书记在参加内蒙古代表团审议时讲话指出，要统筹山水林田湖草沙系统治理。人与自然是生命共同体的思想明确了人与自然和谐共生关系，拓展了人与自然共生共荣的新内涵。

（二）绿水青山就是金山银山

绿水青山、冰天雪地都是金山银山，“两山”理论自提出以来其内涵不断丰富和发展，2013 年 9 月 7 日，习近平总书记在哈萨克斯坦扎尔巴耶夫大学发表演讲后在回答学生们提出的关于环境保护的问题时指出：“我们既要绿水青山，也要金山银山。宁要绿水青山，不要金山银山，而且绿水青山就是金山银山。”2016 年 3 月，习近平总书记在两会期间参加黑龙江省代表团审议时强调：“要加强生态文明建设，划定生态保护红线，为可持续发展留足空间，为子孙后代留下天蓝地绿水清的家园。绿水青山是金山银山，黑龙江的冰天雪地也是金山银山。”首次提出“冰天雪地也是金山银山”这一重要发展理念。2016 年 5 月，习近平总书记在黑龙江省伊春市考察调研时强调：“生态就是资源、生态就是生产力。国有重点林区全面停止商业性采伐后，要按照绿水青山就是金山银山、冰天雪地也是金山银山的思路，摸索接续产业发展路子。”2018 年 9 月，习近平总书记在东北三省考察期间又再次强调要贯彻绿水青山就是金山银山，冰天雪地也是金山银山的理念，进一步拓展和丰富了“两山”理论的内涵。

（三）提出生态生产力理念

“两山”理论明确了生态环境在社会经济发展中的基础性地位，指出生态环境资源本身就是一种生产力形式。保护生态环境就是保护生产力、改善生态环境就是发展生产力。2013 年 5 月，习近平总书记在中央政治局第六次集体学习时强调：“要正确处理好经济发展同保护生态环境的关系，牢固树立保护生态环境就是保护生产力、改善生态环境就是发展生产力的理念。”首次提出保护生态、改善生态就保护生产力、发展生产力的战略构想，这一论断打破了传统对生产力的狭隘看法，加深了人们对生态生产力的正确理解。它不仅丰富和发展了马克思主义生产力思想的概念，而且是对经济理论的一次重大发展。

习近平总书记强调要以绿色科技提高资源利用率，推动生产力的绿色发展。2016 年 5 月，习近平总书记在全国科技创新大会上指出："社会发展面临人口老龄化、消除贫困、保障人民健康等多重挑战，需要依靠更多更好的科技创新来实现经济社会的协调发展。"推动绿色科技创新是解决生态资源短缺和环境污染严重等问题的关键。实践证明，技术创新能够帮助人们实现人与自然之间的平衡发展，提高资源利用效率，为人类的生态保护和发展开辟更广阔的空间。

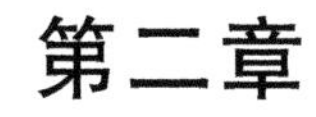

第二章

“两山”理论的主要内容与基本特征

2005年8月15日，习近平同志考察湖州市安吉县余村时，首次提出“绿水青山就是金山银山”的科学论断，这一论断也被称作“两山”理论。什么是“两山”理论？习近平同志一句话概括为：我们既要绿水青山，也要金山银山。宁要绿水青山，不要金山银山，而且绿水青山就是金山银山。形象地将生态环境比喻为绿水青山，将经济发展比喻成金山银山，蕴含了生态文明建设价值观的多个面向。对外部世界以及行为后果的评判与观点称为价值观，其体现在价值方向、价值目标以及价值规范上，其中涉及了方法论层面的价值变迁和历史视角下的价值建构。就生态价值观而言，“两山”理论体现了包括以人民为中心的生态价值取向、人与自然和谐共生的生态价值目标与公平正义的生态价值准则。从其理论指向来说，这三个层面说明了新时代中国特色社会主义生态价值观“为了谁”“做什么”“怎么做”的基本问题，清晰的结构和科学的理论内容促使其成为一个逻辑严密的生态价值体系。

第一节 “两山”理论的主要内容

一、历史发展

价值观到传统工业文明时期，人类社会趋向信奉“人征服自然”

并展开实践，“人类中心主义”价值观渐趋成熟。在这样的价值观下，自然与人处于对立立场，社会生产力的发展被理解为物质财富的增长，人类社会以经济高速增长为唯一追求目标，将自然作为肆意攫取的对象，用绿水青山换金山银山，造成严重的环境破坏。19 世纪中叶，恩格斯在《自然辩证法》中警示“我们不要过分陶醉于人类对自然界的胜利。对于每一次这样的胜利，自然界都对我们进行报复”。习近平总书记也多次引证马克思、恩格斯批判毁林开荒得不偿失的例子，主张人与自然一体。“两山”理论克服人类中心本位与生态中心本位二元对立的价值观，是生态人本主义体现，展现出三个发展阶段。第一个阶段，既要金山银山，也要保住绿水青山，重心在绿色发展。因为过度地索取，生态环境已经显示出疲态，高速经济发展导致的环境恶化、资源匮乏等问题逐渐显现，人们开始思考环境与生存的关系，绿水青山先保住，就不怕没柴烧。第二个阶段，宁要绿水青山，不要金山银山。与财富积攒相比，我们的焦点更加倾向于环境保护和生态效益的优先地位。2016 年 1 月，习近平总书记在推动长江经济带发展座谈会上提出“共抓大保护、不搞大开发”，确定了生态环境保护优于大规模开发的思路；2023 年 7 月，习近平总书记在四川视察时提出“在筑牢长江黄河上游生态屏障上持续发力”。第三个阶段，绿水青山本身就是金山银山，重心在统筹兼顾。绿水青山和金山银山之间的关系是辩证关系，可以充分利用生态的绿色优势转换成经济的绿色优势。这样的价值观摆脱了人与自然关系发展史上长期把发展与保护对立起来的思想束缚，突出保护自然环境与人的发展内在的一致性，解决了经济发展和环境保护之间的矛盾关系。

二、价值取向

价值取向是人们基于一定的利益在价值评价活动中所采取行动的

倾向性或者取向性。习近平总书记指出，环境就是民生，青山就是美丽，蓝天也是幸福。从人民现实生活出发，将环境保护上升到民生福祉的高度，这是以人民为中心思想在生态文明建设中的价值体现。在此基础上，习近平总书记又提出，坚持生态惠民、生态利民、生态为民。这一价值取向科学地回答了建设生态文明的系列基本问题：谁是建设的目标、谁是依靠的力量、谁是最终受益者。在生态文明建设的大框架下，“两山”理论蕴于这一价值取向之中。

人民的生活质量取决于生态质量。习近平总书记说：“良好生态环境是最公平的公共产品，是最普惠的民生福祉。”① “绿水青山还是人民群众健康的重要保障，是人民群众的共有财富。”② 这些论断，既阐释了生态环境建设与社会民生事业之间的关系，也反映了生态环境对人民健康的重要性。“两山”理论秉持着以人民为中心的理念，把生态福利纳入惠民工程，“对人的生存来说，金山银山固然重要，但绿水青山是人民幸福生活的重要内容，是金钱不能替代的”③。即人民的生活质量取决于绿水青山的优劣。

人民对生态美好的向往成为“两山”理论的实践推力。在改革开放的背景下，面对越发凸显的环境问题，邓小平同志在 1982 年参加种植活动时进一步倡议“植树造林、绿化祖国、造福子孙”，这是继毛泽东同志提出“绿化祖国”的伟大呼吁之后的进一步号召。在推进社会主义现代化建设过程中，先后提出了可持续发展战略和科学发展观。这些重要的论述，是我们党对生态文明建设的探索和实践，背后反映出良好生态环境已逐渐成为人民所需。党的十九大报告指出了社会的主

① 中共中央宣传部，中华人民共和国生态环境部．习近平生态文明思想学习纲要［M］．学习出版社，人民出版社，2022：35.

② 中共中央宣传部，中华人民共和国生态环境部．习近平生态文明思想学习纲要［M］．学习出版社，人民出版社，2022：29.

③ 中共中央宣传部，中华人民共和国生态环境部．习近平生态文明思想学习纲要［M］．学习出版社，人民出版社，2022：35－36.

要矛盾已经发生转变。党的二十大报告更是提出我国转向高质量发展阶段，生态环境的支撑作用越来越明显。如果经济发展了，但生态破坏了、环境恶化了，那样的现代化不是人民希望的。① 由于我国多年来的快速发展，生态环境问题已经成为民众关心的重要问题，同时也成为一项严峻的民生问题，需要倾力去解决。由此，人民对生态美好的追求成为改善环境的推力。

三、价值目标

党的十九大报告提出“人与自然是生命共同体”的发展理念，人和自然的关系不是对立关系而是共生关系。习近平总书记指出，良好的生态环境是人和社会持续发展的根本基础。自然提供了人类生活和发展所需的基础物资和生产资源，离开自然的发展，人类无法存在。绿水青山的自然环境满足了人类的生态需要，没有清洁的空气、没有纯净的水、没有安全的食物，人类的可持续性发展就不能得到基本保障。绿水青山就是金山银山，要求我们要重视生态支撑能力和环境容量阈值的有限性。当绿水青山与金山银山相冲突时，宁要绿水青山，不要金山银山，以生态环境的良好循环这一准则为基础，坚持生态价值优先。在经济社会和自然生态的协调发展中，在山川秀美的生态环境中，实现人类长久生存和永续发展。

“两山”理论体现生态人本主义的观念，注重人与自然和谐共生，坚持生态优先。按照生态人本主义的生态整体观点。首先，强调生态意识，主张人类应当把自然视为中心，将地球视为人类的生活栖息地，认为人类应当对自然承担相关的职责；其次，突出人的价值，主张人与自然具有高度的一致性和联结性，两者之间需要持续进行互助合作，

---

① 中共中央宣传部，中华人民共和国生态环境部．习近平生态文明思想学习纲要［M］．学习出版社，人民出版社，2022：36.

从而推动生态系统达到稳定、完善、和谐的状态；最后，维护人与自然的共同生存，关注资源的开发和使用，突出环境的可持续发展。

“两山”理论蕴含的生态观是对马克思自然观的继承与发展。马克思自然观认为，人类如果忽视了自然界客观规律而开展各种社会生产实践活动，自然环境的惩罚就具有必然性。因此，人类面对自然资源，要有节制的开采，根据社会发展实际需要，划定清晰的自然资源开采边界，通过革新技术、完善生产方式等途径提高自然资源使用率，减少浪费。

如何促使绿水青山转化为金山银山？总体而言，基本思路就是要更加自觉推动绿色发展、循环发展、低碳发展。对于生态资源丰富的发达地区，主要形成可循环经济与生态经济同步发展的模式。对于生态资源欠发达的地区，积极发展以生态农业、生态工业和生态旅游业为主的生态经济，各地结合实际走出不同的生态价值转化之路。

四、价值转化

习近平总书记指出，绿水青山和金山银山决不是对立的，关键在人，关键在思路。2023 年 7 月，习近平总书记在全国生态环境保护大会上强调：“拓宽绿水青山转化金山银山的路径，为子孙后代留下山清水秀的生态空间。”“两山”理论提出以来，全国各地运用不同思路探索出绿水青山转化为金山银山的诸多路径，这些路径往往不脱离两个方向，即生态资源资产化与生态交易市场化。本节从生态补偿、生态地票、生态林票、绿色金融等方面探索生态价值转化的实践模式。

（一）生态补偿

鉴于我国城乡二元经济结构的背景，以及地理环境、发展策略、产业分布上的差异，不同的区域在资源使用、环境污染等多方面问题上仍存在不均衡的现象。面对中国当前区域经济发展遇到的新问题和新挑战，党的二十大报告明确提出，“深入实施区域协调发展战略、区域重大战略、主体功能区战略、新型城镇化战略，优化重大生产力布局，构建优势互补、高质量发展的区域经济布局和国土空间体系”。在生态方面，全面建立生态保护补偿机制。“要完善生态文明领域统筹协调机制，加快健全有效市场和有为政府更好结合、分类补偿与综合补偿统筹兼顾、纵向补偿与横向补偿协调推进、强化激励与硬化约束协同发力的生态保护补偿制度”①，形成受益者付费、保护者得到合理补偿的良性局面。通过体制机制与经济手段双管齐下，调整各利益方关系，促进补偿活动、调动生态保护积极性的各种规则、激励和协调，实现生态系统服务的可持续利用。

在具体补偿机制上，生态补偿方式有两种。一种是横向生态补偿，是指不同地区政府之间的补偿，包括区域之间、流域上下游之间、企业与地方之间的生态价值补偿等。此外，还有通过用能权和排放权交易、生态保护基金支付等来实现价值补偿。另一种是纵向生态补偿，即上级政府对下级政府的补偿，包括转移支付、政府赎买、生态税反哺补偿等。2019年，习近平总书记指出，要健全纵向生态补偿机制，加大对森林、草原、湿地和重点生态功能区的转移支付力度。2021年，中共中央办公厅、国务院办公厅印发《关于深化生态保护补偿制度改革的意见》，提出要加大纵向补偿力度，结合中央财力状况逐步增加重点生态功能区转移支付规模。此外，还强调根据生态效益外溢性、生态功能重要性、生态环境敏感性和脆弱性等特点，在重点生态功能区转移支付中实施差异化补偿。综上，在横向补偿加快推进的同时，纵向补偿也更加细化。

---

① 中共中央宣传部，中华人民共和国生态环境部．习近平生态文明思想学习纲要［M］．学习出版社，人民出版社，2022：33.

（二）生态地票

2021年4月，中共中央办公厅、国务院办公厅印发的《关于建立健全生态产品价值实现机制的意见》中提出：“推动生态资源权益交易。鼓励通过政府管控或设定限额，探索绿化增量责任指标交易、清水增量责任指标交易等方式，合法合规开展森林覆盖率等资源权益指标交易。”生态地票制度是以市场化路径推动生态产品价值实现，是生态资源指标交易的典型代表。地票本质上为新增建设用地指标，指的是土地权利人在通过将建设用地复垦为农用地而相应增加的建设用地指标中，在保障农村发展自用后节余部分所形成的可交易票据。[①] 在实践探索中为了解决农村宅基地、废弃矿山等不宜复垦为耕地而无法参与地票交易的问题，推动进一步拓展地票生态功能。主要方式是通过确定复垦土地类型的功能划分，确定复垦生态指标，实现生态功能用地的增长。比如对于是否复垦的土地，按照生态优先、农户自愿、因地制宜的原则实施复垦，并对通过复垦所形成的耕地和宜林宜草区域作进一步功能划分，对不宜复垦为耕地的，引导其复垦为林地等兼具生态功能的其他农用地，实现闲置用地的转化，有效增加宜林宜草地面积，发挥其生态服务功能，提升土地利用效率。

我国地票生态功能与修复治理功能在实现的过程中主要有四种模式，在各个模式机制运转中，农户、企业、政府、第三方机构分别扮演不同角色，发挥不同作用，如表2-1所示。具体模式如下：一是“废弃矿山治理+地票”，在“两山”理论首提地安吉余村，早年依靠矿山开采起家，后期废弃矿山，在对废弃矿山的复垦过程中，规定相关指标可参照地票制度申请交易，实现矿山生态修复治理；二是“山

---

① 李维明，李博康．重庆拓展地票生态功能实现生态产品价值的探索与实践［J］．重庆理工大学学报（社会科学），2020（4）：1-5。

区林地草地复垦＋地票”，因地制宜推进山区生态复垦，以市场机制引导山区退建还林还草，实现生态增值；三是“自然保护区整治＋地票”，在自然保护区综合整治中，因地制宜将其核心区、缓冲区范围内生态搬迁腾退出的建设用地复垦为林地用于交易，筹措搬迁资金，并加大生态保护投入力度；四是“长江沿岸生态修复＋地票”，按照长江经济带发展负面清单指南要求，在长江及主要支流岸线范围内，支持废弃露天矿山生态修复为林草地，并将岸线生态红线范围内的建设用地以地票方式退出，助力长江经济带生态保护。

表 2-1　我国生态地票发展的四种模式

主要模式	生产者	消费者	服务者	监管者
废弃矿山治理＋地票	农户＋政府	企业	交易所/银行	政府＋第三方机构
山区林地草地复垦＋地票	农户＋政府	企业＋政府	交易所/银行	政府＋第三方机构
自然保护区整治＋地票	农户＋政府	政府	银行	政府
长江沿岸生态修复＋地票	农户＋政府	政府	银行	政府

（三）生态林票

地票制度倾向于解决城乡一体化过程中农村土地撂荒问题，林票反映生态价值量指标问题。林票的评价指标体系中除固碳外，还包含涵养水源、保育土壤、释氧、积累营养物质、净化大气环境、保护生物多样性、森林防护和森林游憩等大类 14 个生态价值指标，林票交易不只是林木生态价值的增加量，而是覆盖了区域的整个林木林地的生态系统价值量。2023 年 9 月，中共中央办公厅、国务院办公厅印发的《深化集体林权制度改革方案》中提出：“鼓励探索林权资产折资量化的林票运行机制，增强森林资源资产对社会资本的吸引力。”林票运行机制按照合作经营、量化权益、自由流转、保底分红的原则，依法引导国有林场、林业新型经营主体与村集体经济组织及成员开展合作经营，按村集体或个人占有份额制发林票。① 林农凭借林票按份额获得收益，也可通过质押贷款、流转交易等方式变现，有效助力林农增收、林业增效。

债权型和股权型林票是森林生态产品价值实现的主要模式。债权型林票是由担保机构作为中间方，链接林票所有者与金融机构，对林票所有者予以担保，向金融机构申请质押担保，经过市场化运行后实现收益的类型。股权型林票是指具有林地资源经营能力的国有林业单位或拥有林地所有权的村集体、林农通过合资、入股、承包、转让等模式，按份额持有林票凭证，通过市场化合作经营获取分配收益的类型，这一类型具有高度的市场化，往往承担风险与获得收益成正比。

（四）绿色金融

绿色金融是指为支持环境改善、应对气候变化和资源节约高效利用的经济活动，即对环保、节能、清洁能源、绿色交通、绿色建筑等领域的项目投融资、项目运营、风险管理等所提供的金融服务。② 我国于 2007 年开始绿色金融实践与探索，至今已经构建了从标准、产品、监管、机构到防范风险体系等一系列的绿色金融体系框架，共同推动生态环境改善、温室气体减排、节能减排与绿色生产。

我国绿色金融通过融资增加资本，使用金融工具将生态产品的经济价值显化，主要有以下几种模式：一是可持续经营模式，实质是生态资源发展权交易。这是林业绿色金融支持的重点领域，强调林业资

---

① 王玮彬，李珊．福建省三明市林票制度改革实践与探索［J］．林业资源管理，2021（4）．

② 吴平，祝瑷穗．乡村振兴背景下绿色金融助力生态产品价值实现的路径研究［J］．农村金融研究，2022（3）：51－55．

源资产的保值与增值，资产衡定一般由具有影响力的森林管理委员会认证（FSC）、森林认证体系认可计划（PEFC）、可持续林业倡议（SFL）等标准体系进行认定，第三方制订可持续性经营方案与计划申请项目，通过信贷、债券、基金等金融工具为节能环保项目提供资金支持，推动可持续性发展。二是林业碳汇模式，实质为生态资源产权交易。随着世界对低碳、循环、绿色的重视，出现林业碳信用、碳税或碳排放交易等制度，推动造林、再造林发挥重要碳汇作用。一方面表现为森林经营性碳汇，针对现有森林，通过森林经营手段促进林木生长，增加碳汇；另一方面表现为造林碳汇，一般由政府、部门、企业和林权主体合作开发，政府主要发挥牵头和引导作用，林草部门负责项目开发的组织工作，项目企业承担碳汇计量、核签、上市等工作，林权主体是收益的一方，有需求的温室气体排放企业实施购买碳汇。三是混合农林模式，实质是生态资源配额交易。“混农林”采取农林复合经营模式，既能保护、改善和恢复土壤，又能发展经济，拥有巨大的绿色金融潜力。该模式通过绿色信贷和绿色风投抑制碳排放，促进政府财政补贴、排污权、碳排放权等权益与资源的合理分配，比如生产绿色高附加值农林产品、运用综合农林技术营造综合效益巨大的可持续土地利用模式等推进生态环境治理和促进新兴产业转型。

五、价值准则

人与自然的关系是人类发展无法避开的问题，过去的发展模式是以牺牲自然为代价、依靠人口红利，高消耗、低产出的一种发展，这样的发展已经走到尽头，民众呼唤科学的、和谐的发展模式。公平正义是社会文明进步的重要标志。实现科学的、和谐的发展关键就是要在构建生态价值观的过程中坚持公平正义原则。

首先是生态公平正义的概念。20 世纪 80 年代，美国学者约翰·罗尔斯提出了环境公平的三重内涵，即当代人与人之间代内公平、代际公平以及物种公平。[①]《美国环境百科全书》认为生态正义的概念包含两个方面：一是指非人类中心论有关平等与环境的总体态度；二是环境保护和各种社会平等之间的有机关联。[②] 综上，生态公平正义必须体现人与生态环境之间以及人与人之间两方面的公平关系。

代内公平原则是指当代人在利用自然资源、满足自身利益上机会均等，上述生态价值转化中的生态补偿便是对生态公平的重要体现。比如水资源生态保护补偿机制，就是根据水资源阶段性保护需求和区域性保护差异，确立水资源系统保护补偿的动态目标，厘定补偿资金的分配方式，统筹生态领域转移支付资金。生态环境损害赔偿机制诉诸监督、收费、评估等手段健全损害赔偿，实现区域内与区域间生态公平。

在人类追求本代人利益的过程中，必须充分顾及后代人的发展条件，实现最大限度的代际公平。党的十九大报告指出，生态文明建设功在当代、利在千秋。作为生态文明建设重要理论的“两山”理论体现出最大限度的代际公平，尤其是“宁要绿水青山，不要金山银山”，强调使用自然资源与承担生态责任之间的统一，甚至宁愿不发展、后发展，也要使当代人为后代人保留良好的生态环境和可持续发展资源。

人作为一种生物，存在于自然中，物种平等是关于人与自然之间的公平原则。种际公平观认为：人要尊重自然，热爱大地，保护环境；动物和其他非人、生命体应该享有生存权利。习近平总书记指出：“自然是生命之母，人与自然是生命共同体，人类必须敬畏自然、尊重自

---

① 亚历山大·基斯．国际环境法［M］．张若思，编译．北京：法律出版社，2000：3.
② 坎宁安．美国环境百科全书［M］．长沙：湖南科技出版社，2003：181.

然、顺应自然、保护自然。”① “两山”理论强调，对人们生存来说金山银山固然重要，但人民的生活质量取决于绿水青山的优劣，对绿水青山的保护便是对物种的保护。同时，突破民族国家界限，“两山”理论体现了中华民族兼容并包的世界之“融”。吸取德、英、法、美等国的历史经验教训，借鉴全球生态思潮的有益观点，按照可持续发展目标，提出的“两山”理论既体现了中国方案和中国智慧，也是人类社会实现绿色发展的共同财富。

第二节 “两山”理论的基本特征

习近平生态文明思想是对马克思恩格斯的生态哲学观的继承和发展，以马克思主义生态哲学理论为指导，对凝聚国际社会共同关注的生态文明建设作出一系列重要论述并对中国生态文明建设实践进行了重大部署，作为习近平生态文明思想核心内容的“两山”理论闪耀着马克思主义的真理光芒，兼具科学性、实践性、文化性、人民性、全球性五个方面特征。

一、科学性

科学性是马克思主义生态文明思想有别于其他生态观的重要基础。马克思主义生态文明思想把尊重自然作为人与自然相处时秉承的首要态度。“两山”理论是对马克思主义生态文明思想中对人与自然发展规律的科学概括，它是建立在充分观察社会运行规律、总结实践经验的基础上的科学理论。一方面，“两山”理论蕴含着人类发展和生态文明

① 中共中央宣传部．习近平新时代中国特色社会主义思想学习纲要［M］．北京：学习出版社，人民出版社，2019：167.

之间的对立统一关系，体现马克思主义唯物辩证观。马克思在《1844年经济学哲学手稿》中指出，人靠自然界生活，因为人是自然界的一部分。在此基础上，“两山”理论将人与自然的关系进一步引申为“两座山”，坚持在发展中保护，在保护中发展，实现经济社会发展与人口、资源、环境相协调，促使绿水青山产生巨大生态效益、经济效益、社会效益。人类社会生产活动和生态环境治理之间协调统一的关系，继承了马克思主义生态文明思想对人与自然的基本理论观点，还秉承宽阔的胸怀和开放的视野对西方生态文明发展思想予以批判借鉴，不仅具有极高的理论高度，同时具备巨大的实用价值。另一方面，“两山”理论还体现了矛盾发展不平衡性的观点。党的十九大报告指出我国社会主要矛盾是人民日益增长的美好生活需要和不平衡不充分的发展之间的矛盾，“两山”理论的理论与实践对于新时代解决我国社会主要矛盾就显得尤为重要。同时，“金山银山”代表的人类发展和“绿水青山”代表的生态环境治理作为矛盾的对立统一体，又呈现出矛盾的主次方面之分。城乡间区域不平衡决定了各地区所体现的矛盾特殊性又有不同，是需要绿水青山还是金山银山？这就要求准确把握“两山”理论内涵，运用科学的方法指导解决矛盾。

二、实践性

生态文明建设重在实践。马克思和恩格斯重点关注了以实践为中介的人化自然，他们强调人类是自然之子，是自然孕育的强大物种。习近平总书记在生态文明的中国实践中，秉承以实践为基石构建了“两山”理论。党的二十大提出了尊重自然、顺应自然、保护自然，是全面建设社会主义现代化国家的内在要求。习近平总书记反复强调尊重自然的原则，并要求将其运用于实践之中。一是“两山”理论强调推动形成绿色发展实践方式的转变，坚决摒弃以牺牲生态环境为代价的经济增长方式，健全以产业生态化和生态产业化为主体的生态经济体系，走绿色发展道路；二是“两山”理论强调生态建设实践内核的转变，绿水青山可带来金山银山，但金山银山却买不到绿水青山，避免以GDP增长率论英雄，避免走先污染后治理的老路，“两山”理论强调的生态实践以解决危害人们生产和生活的突出环境问题为核心；三是“两山”理论强调实践价值的转变，重新认识保护生态环境实质是保护自然的原始价值和增值资本，从而保护经济社会发展潜力和后劲。

三、文化性

中华文化积厚流光、广博精湛。“两山”理论是马克思主义基本原理同中华优秀传统生态文化相结合的重大成果，有着深厚的文化底蕴。习近平总书记指出，抓生态文明建设，既要靠物质，也要靠精神。对于中国特色社会主义文化而言，生态文化是重要组成部分，“两山”理论是生态文化的重要内容，又从中华文明孕育的丰富生态文化中汲取力量。《吕氏春秋》警示“竭泽而渔”、《老子》主张“道法自然”、《孟子》言“不违农时”等都蕴含着质朴睿智、启迪深刻的自然观，积淀了丰富的生态智慧。“两山”理论实现了对中华传统“天人合一”精神的创新性发展和创造性转化。同时，良好生态环境是实现中华民族永续发展的内在要求，是增进民生福祉的优先领域，是建设美丽中国的重要基础。[①]“两山”理论汲取中华文明天人合一、万物并育的生态滋润，对于人类文明兴衰和中华民族永续发展具有重要作用。党的二十大报告提出了中国式现代化是物质文明和精神文明相协调的现代化，是人与自然和谐共生的现代化的论断，“两山”理论是中国式现代化的

① 中共中央宣传部，中华人民共和国生态环境部．习近平生态文明思想学习纲要［M］．北京：学习出版社，人民出版社，2022：37.

重要方面，涵盖人类文明发展的历史大势。从文明阶段论的角度，人类文明发展历程经原始文明、农业文明、工业文明，直至生态文明，生态文明成为人类文明发展进步的新方向和新形态，“两山”理论代表着生态文明的具体实践，推动实现人口、资源、环境与社会生产力发展的协调适应，推动人类文明人民群众是生态文明建设的需求主体，由工业文明向生态文明的范式转型。

四、人民性

建设生态文明，关系人民福祉，关乎民族未来。[①] 生态文明建设是人民美好生活的重要内容，是消除不平衡不充分发展的一个重要方面，也是解决社会主要矛盾的必然要求。党的十八大以来，习近平总书记多次强调，在生态文明建设中坚持以人民为中心的发展思想，“两山”理论更是将生态环境上升到民生的高度，将满足人们的美好生活需要作为党执政的目标追求，确立了我国生态文明建设中人民群众的主体性地位。第一，“两山”理论是为人民服务的。人民期待生活在一个没有污染的环境中享受优质的生态资源。民有所需，必有所应。“两山”理论准确把握了人民的根本利益之所在，聚焦人民群众普遍关注和反映强烈的环境问题，是对人民日益增长的美好生态环境需要的积极回应，顺应人民对美好生活的期盼。第二，“两山”理论需要人民践行。习近平总书记指出，每个人都是生态环境的保护者、建设者、受益者，没有哪个人是旁观者、局外人、批评家，谁也不能只说不做、置身事外。人民群众是美好生态文化生活的创造者和实践者。在“两山”理论的实践中，历经从政府主导向全社会共同参与的转变，其间充分发挥人民群众的能动性、创造性是落实“两山”理论的重要途径。充分调动人民群众参与环境保护的积极性、创造性和主动性，使“两山”

① 习近平谈治国理政：第一卷［M］. 北京：外文出版社，2018：208.

理论扎根于人民群众的创造性实践之中，形成人人、事事、时时崇尚生态文明的社会氛围。

五、全球性

自“两山”理论提出以来，生态环境保护发生历史性、转折性、全球性的变化。进入新时代，习近平总书记指出：“生态文明建设关乎人类未来，建设绿色家园是各国人民的共同梦想。国际社会需要加强合作、共同努力，构建尊崇自然、绿色发展的生态体系，推动实现全球可持续发展。”[①] “两山”理论的实质指向努力建设美丽中国思想，中国作为一个负责任有担当的东方大国，积极推动全球生态文明建设。顺应了世界从工业文明向生态文明转型的国际大趋势，顺应了实施可持续发展和绿色发展战略的时代浪潮，树立了生态大国的良好国际形象力。一方面，以“两山”理论为代表的中国生态文明建设的历程和全球可持续发展进程始终同频共振。另一方面，“两山”理论治理下的中国也始终坚持从单边到多边、从区域到整体、从国家到全球的治理理念，不断扩大对外开放，努力增进多边合作、搭建多边平台、开展环境外交。以绿水青山就是金山银山形成生态资本，从跟跑到并跑再到领跑，深化推进绿色“一带一路”建设，持续向着更加绿色、更加可持续的方向演进。比如，2021 年 10 月，福建省长汀县水土流失综合治理与生态修复实践，入选联合国《生物多样性公约》第十五次缔约方大会生态修复典型案例，向国际公开推广。中国的实践探索以自己的经济发展方式探索出了一条新发展道路，从始至终以负责任的态度和行动，努力推动构建公平合理、合作共赢的全球环境治理体系，成为全球生态文明建设的重要参与者、贡献者和引领者。

---

① 习近平向生态文明贵阳国际论坛 2018 年年会致贺信［N］. 人民日报，2018-07-08.

第三章

四川省生态系统平衡能力的测度与展望

四川是长江上游重要的水源涵养地、黄河上游重要的水源补给区，也是全球生物多样性保护重点地区，在国家生态安全战略格局中占据重要位置。习近平总书记对四川生态文明建设和生态环境保护工作高度重视，多次作出重要指示批示，为美丽四川建设提供了方向指引和根本遵循。四川省生态系统平衡能力在2016年之后逐步加强，体现出四川省“十三五”期间绿色低碳转型成效显著，说明四川省正在向以较低的生态环境代价获得可持续的经济增长。另外，通过对四川省人均生态足迹和生态承载力在“十四五”期间的预测，四川省生态系统平衡能力将会不断改善，且稳定在一定的水平上。

第一节 生态系统平衡能力问题的提出

习近平总书记在党的二十大报告中指出：“尊重自然、顺应自然、保护自然，是全面建设社会主义现代化国家的内在要求。必须牢固树立和践行绿水青山就是金山银山的理念，站在人与自然和谐共生的高度谋划发展。”四川省位于中国的两条母亲河——长江和黄河的上游，既是全面建设生态文明的核心地区，又是新时代西部大开发的增长力量。过去20年，四川省在西部12省中的经济规模稳居前3位，但同时经济的迅速增长也带来了较大生态环境压力。考虑到未来环境约束条件日益趋紧，在“双碳”战略稳步推进的背景下，如何统筹经济增长与环境保护，实现高质量可持续发展，是四川省必须正视的问题。因此，测算过去20年四川省的生态账户平衡水平且分析其生态账户变化特征，并基于此研判“十四五”期间生态账户平衡能力，对四川省可持续发展路径选择和政策制定至关重要。

生态账户由生态资本与生态负债构成，是评估区域经济社会可持续发展状态的重要指标，计算表示为生态承载力与生态足迹二者之间的差值，如果生态承载力大于生态足迹，表明生态账户处于盈余状态，如果生态承载力小于生态足迹，表明生态账户处于赤字状态，如果生态承载力等于生态足迹，表明生态账户处于平衡状态。其中，生态足迹模型由Ree和Wackernagel在1990年代提出[①]，因其指标意义明确，模型方法简便，数据资料的可用性高，因此在世界范围内广泛应用[②]。近年来国际上关于生态足迹的研究主要集中在单一资源足迹[③]，水-食物足迹[④]，以及水-能源足迹等方面[⑤]。生态足迹法于1999年引入中国后，迅速被大量学者作为新的理论方法应用于中国和部分省市或地区可持续发展问题的定量研究中，如在特定区域、农作物、水资源等方

---

① 王昕宇，黄海峰．基于生态足迹模型的县域可持续发展研究：以宜宾市为例［J］．农村经济，2016（7）：84-89.

② Haberl H，Erb K H，Krausmann F. How to calculate and interpret ecological footprints for long periods of time：the case of Austria 1926—1995［J］．Ecological Economics，2001，38（1）：25-45.

③ Stöglehner G. Ecological footprint—a tool for assessing sustainable energy supplies［J］．Journal of Cleaner Production，2003，11（3）：267-277.

④ Vanham D，Bidoglio G. A review on the indicator water footprint for the EU28［J］．Ecological Indicators，2013，26：61-75.

⑤ Xu Z C，Chau S N，Ruzzenenti F，et al. Evolution of multiple global virtual material flows［J］．Science of the Total Environment，2019a，658：659-668.

面的广泛应用。[①] 近年来，国内外对生态账户的研究可以概括为两大类：一类是生态足迹动态变化的定量分析；另一类是利用生态账户平衡水平评估特定区域的可持续发展。

一、生态足迹动态变化的定量分析

对于生态足迹的动态变化和发展趋势的定量研究，最早开始于国外。如 Haberl 等定量分析了 1926—1995 年澳大利亚生态足迹的变化规律；Senbel 等[②]解析了北美生态足迹的影响因素，在假设的情况下预测了下一个世纪的生态赤字；Wackernagel 等计算了国家和世界规模的生态足迹的时间序列，建立了描述生态足迹变化特征的概念模型；最近，Bezdudnaya 等[③]研究了圣彼得堡的水资源管理，并对其水资源使用情况预测到 2030 年，提出规范水资源管理的工具，并引入了校正系数用来按污染类别计算费用，这些措施将减少该地区水体的整体生态足迹。近年来，我国的学者也开始定量分析和预测研究生态足迹。岳东霞等[④]利用线性方程拟合的方法，根据甘肃省 1991—2001 年生态足迹和生态负荷力的动态变化预测了其未来十年的发展趋势。一些学者用传统的灰色模型和动力学或回归方法预测了特定地区未来的生态足迹。[⑤] 近年来，得益于大数据技术和物联网技术的发展，智能算法为区

---

① 胡孟春，张永春，缪旭波．张家口市坝上地区生态足迹初步研究 [J]. 应用生态学报，2003，14 (2)：317 - 320.

② Senbel M, Mc Daniels T, Dowlatabadi H. The ecological footprint: a non-monetary metric of human consumption applied to North America [J]. Global Environmental Change, 2003, 13 (2): 83 - 100.

③ Bezdudnaya A, Treyman M, Ksenofontova T, et al. Forecast of development of regional water supply and sanitation systems considering environmental, economic, and social aspects as exemplified by Saint Petersburg [J]. Revista Gestão & Tecnologia, 2022, 22 (1): 76 - 92.

④ 岳东霞，李自珍，惠苍．甘肃省生态足迹和生态承载力发展趋势研究 [J]. 西北植物学报，2004，24 (3)：454 - 463.

⑤ 张衍广，李茂玲．基于 EMD 的中国生态足迹与生态承载力的动力学预测 [J]. 干旱区资源与环境，2009，23 (1)：13 - 17.

域生态分析提供了新的解决方案。[①] Liu 等[②]利用广义回归神经网络构建生态预测评价模型，实现对济南水域的分析评价；Liu 等[③]提出一种基于支持向量机的高预测精度新型模型，以分析北京的可持续发展；Jiang 等[④]采用人工蜂群算法对径向基函数神经网络进行优化，构建了城市生态承载力的新型预测模型，为政府制定可持续发展的相关决策提供了理论依据。

综上而言，现有的对生态足迹动态变化的量化分析与预测研究中，大多忽略了生态数据本身的复杂性，区域生态数据具有线性和非线性属性[⑤]，如果只讨论数据的单一特征，就很难实现准确有效的数据特征提取，这很容易导致模型中的某些错误。另外，随着数据量的增加，用这些方法计算出的结果的误差逐渐增大，从而降低预测精度。自回归移动平均模型（autoregressive integrated moving average model，ARIMA）分别由美国及英国的统计学家 Geopre E. P. Box 和 Gwilym M. Jenkins 提出，因此又被称为 Box-Jenkins 法[⑥]，该模型用于对时间序列的分析预测和控制，在计量学领域被广泛应用[⑦]。生态足迹的时间

① Jin C S, Deng R J, Liu Y X, et al. Spatiotemporal analysis and prediction of water resources ecological footprint in Yangtze River economic belt [J]. Journal of water resources and water engineering, 2018, 29 (4): 62 - 69.

② Liu L and Lei Y. An accurate ecological footprint analysis and prediction for Beijing based on SVM model [J]. Ecological Informatics, 2018a, 44 (1): 33 - 42.

③ Liu Y, Wang T, Fang G H. Integrated prediction and evaluation of future urban water ecological sustainability from the perspective of water ecological footprint: a case study of jinan, China [J]. Fresenius Environmental Bulletin, 2018b, 27 (10): 6469 - 6477.

④ Jiang S, Lu C, Zhang S, et al. Prediction of ecological pressure on resource-based cities based on an RBF neural network optimized by an improved ABC algorithm [J]. IEEE Access, 2019, 7 (1): 47423 - 47436.

⑤ Yang J, Zheng B, Chen Z. Optimization of tourism information analysis system based on big data algorithm [J]. Complexity, 2020, 2020 (1): 1 - 11.

⑥ Box G, Jenkins G, Mac Gregor J. Some recent advances in forecasting and control, part two [J]. Statist, 1974 (4): 158 - 179.

⑦ Ediger V S, Akar S, Ugurlu B. Forecasting production of fossil fuel sources in Turkey using a comparative regression and ARIMA model [J]. Energy Policy, 2006, 34 (18): 3836 - 3846.

序列属于非稳定性时间序列，影响因素繁多，因子关系复杂，但是ARIMA模型可以在将不稳定的时间序列转换为稳定的时间序列之后进行短期预测，对非稳定时间序列预测的精度高①，因此，在对省域生态足迹进行长时间尺度的预测时，ARIMA模型更为适用。

二、利用生态账户平衡水平评估区域的可持续发展

作为全球城镇化速度最快的国家之一，中国如果继续增加住房、工业和交通等基础设施的已建土地，将会导致耕地、水域和林地面积的急剧下降，因此，亟须根据人类活动对环境的压力与自然生态的承载力来评估区域的可持续发展。生态账户平衡水平已被广泛用于区域的可持续性发展的评价中，近年来中国的一些工业城市的生态环境有所改善，如上海②、苏州③；中部崛起战略提出之后，江西、安徽、湖南、湖北的生态赤字相对较小，整体上可持续发展状况较好，而河南、山西两省的生态赤字较大，可持续发展状况不容乐观④；近年来西部地区如甘肃⑤、陕西⑥、四川⑦等，区域生态环境资源供给不足，生态账户赤字逐渐加大，区域可持续发展面临严峻考验。

---

① Yanful E, Mousavi M. Estimating falling rate evaporation from finite soil columns [J]. Science of The Total Environment, 2003, 313 (1-3): 141-152.

② Gao C K, Jiang D H, Wang D, et al. Calculation of ecological footprint based on modified method and quantitative analysis of its impact factors-a case study of Shanghai [J]. Chinese Geographical Science, 2006, 16: 306-313.

③ Yao H, Zhang Q X, Niu G Y, et al. Applying the GM (1, 1) model to simulate and predict the ecological footprint values of Suzhou city, China [J]. Environment, Development and Sustainability, 2021, 23: 11297-11309.

④ 王丽萍，夏文静．基于生态足迹理论的中部六省可持续发展评价研究 [J]. 环境保护，2018，46 (10)：38-43.

⑤ 张瑞萍．西部生态环境与经济增长协调发展研究 [D]. 兰州：兰州大学，2015.

⑥ 赵先贵，肖玲，兰叶霞，等．陕西省生态足迹和生态承载力动态研究 [J]. 中国农业科学，2005 (4)：746-753.

⑦ 刘运伟，李琳莉．基于生态足迹理论的四川省可持续发展评价研究 [J]. 林业经济，2015，37 (1)：106-109，120.

综上，现有运用生态账户评估区域可持续发展的研究，部分仅对生态账户盈余或赤字进行了量化分析，并未考虑这些指标与经济增长的内在关系，结论相对单薄；另一些则较少考量生态账户与经济社会发展之间关系的深层次原因。人文-经济-社会驱动力对环境压力的影响常用IPAT模型来衡量，该模型得到了生态/环境经济领域研究人员的广泛认可①。因此，在分析区域生态账户变化趋势时，将时间序列预测模型与生态足迹变化驱动力分析模型结合，可以从经济、社会和生态的复合角度更好地综合评估区域的可持续发展状况。虽然，近年来对四川省生态账户的研究逐渐增多②，但较少对四川省的生态账户平衡能力进行预测。本文基于分析四川省过去20年生态账户的动态变化特征，并通过ARIMA拟合人均生态承载力和生态足迹的变化规律，定量预测“十四五”期间生态账户平衡能力发展趋势，根据20世纪以来针对我国不同区域生态足迹和生态承载力变化的研究结果③，提出以下假设：人均生态足迹和人均生态承载力分别呈现上升和下降趋势，生态账户出现赤字状态；采用基于环境影响力＝人口×经济水平×技术水平模型［environmental impact（I）＝population（P）×affluence（A）×technology（T），IPAT］的多元线性回归方程定量分析人均生态足迹的驱动力，人均生态足迹的变化同时受到城镇化与其带来的人口规模、经济增长和技术水平的驱动，与三者均呈现显著线性相关关系。

---

① 黄宝荣，崔书红，李颖明．中国2000～2010年生态足迹变化特征及影响因素［J］．环境科学，2016，37（2）：420-426.

② 贺志丽，张建强，薛丹丹，等．四川省可持续发展的生态足迹分析［J］．贵州农业科学，2008，36（1）：54-56.

③ 杨屹，加涛．21世纪以来陕西生态足迹和承载力变化［J］．生态学报，2015，35（24）：7987-7997.

第二节　生态账户平衡水平研究方法与模型构建

根据四川省的自然资源禀赋特点以及经济社会发展中对生态环境的利用情况，本研究采用生态足迹法研究过去20年来四川省的生态账户平衡水平，即常住人口对自然的拥有量和利用量之间的平衡关系，且在对人均生态足迹和人均生态承载力量化分析的基础上，应用ARIMA模型对生态账户平衡水平变化趋势进行模拟和预测，并进一步基于IPAT模型的多元线性回归分析生态足迹的驱动力。

一、生态足迹计算

生态足迹（ecological footprint，EF）是指在一定区域内，生产人类自身生存和发展需要消耗的自然资源和能源以及消纳人类产生的废弃物的所有生物生产土地和水域面积的总和①。该方法将特定区域内居民对各种生物资源和能源的消耗量按照6种生物生产土地的类型［耕地、林地、草地、水域、化石能源用地（碳足迹）和建筑用地］换算成相应的面积。考虑到以上6种生物生产土地的生产力不同，计算出的面积不能直接加在一起，所以需要利用均衡因子将有不同生产力的生物生产土地的面积换算成以世界平均生态生产力为基础的生物生产土地面积②。本研究采用了基于初级生产力计算出四川省各种土地类型的均衡因子③，参照表3-1。

---

① Wachernagel M，Rees W E. Our ecological footprint：reducing human impact on the earth［M］. Gabriola Island：New Society Publishers，1996，1（3）：171-174.

② Wackernagel M，Yount J D. Footprints for sustainability：the next steps［J］. Environment，Development and Sustainability，2002，2（1）：23-44.

③ 刘某承，李文华．基于净初级生产力的中国各地生态足迹均衡因子测算［J］．生态与农村环境学报，2010，26（5）：401-406.

表 3-1　用于生态足迹计算的生物、能源账户的构成

土地类型	主要用途	生物、能源账户种类	均衡因子	产量因子
耕地	种植农作物	谷物、豆类、薯类、花生、油菜籽、棉花、麻类、蔬菜、甘蔗、烟叶、茶叶	1.13	1.04
林地	提供林产品和木材	苹果、柑橘、梨、油桐籽、油茶籽、木材	0.88	1.00
草地	提供畜产品	猪肉、牛肉、羊肉、奶类、绵羊毛、禽蛋	0.59	2.15
水域	提供水产品	水产品	0.47	2
化石能源用地	吸收人类释放的 CO_2	煤炭、原油、天然气	1.13	0
建筑用地	人类居住和道路	电力	0.88	1.04

生态足迹的计算主要包括生物账户消费和能源账户消费两部分。生物账户的生态足迹计算公式为：

$$EF = \sum_{j=1}^{4}\left\{r_j \times \sum_{i=1}^{n}\frac{C_i}{P_i}\right\} \tag{1}$$

式中 j 代表 4 种生物生产性土地资源，i 代表消费资源账户的项目类别。C_i是第 i 个资源的消费量，P_i是第 i 个资源产品的世界平均生产量，单位为 $kg \cdot hm^{-2}$，r_j 为某类土地的均衡因子。

能源账户的消费用地主要包括化石能源用地和建筑用地，化石能源用地是消纳能源消耗所产生的 CO_2 所需的土地面积，而建筑用地涵盖基础设施建设用地、人类居住用地以及水力发电所占据的空间。能源账户的生态足迹的计算公式为：

$$EF = \sum_{j=1}^{2}\left\{r_j \times \sum_{i=1}^{n}\left\{b_i \times \frac{C_i}{P_i}\right\}\right\} \tag{2}$$

式中 j 代表 2 类能源性消费用地，i 代表消费的能源账户的项目类别，C_i指的是第 i 种能源的消费量，b_i是第 i 个能源的换算系数，单位是 $GJ \cdot t^{-1}$，P_i是第 i 个能源的世界平均能源足迹，单位为 $GJ \cdot hm^{-2}$，

r_j为某类土地的均衡因子。

根据生物和能源账户的生态足迹计算结果，计算得到总生态足迹与人均生态足迹，其中人均生态足迹通过以下公式求得：

$$ef = \frac{EF}{N} \tag{3}$$

式中，ef 是人均生态足迹（$hm^2 \cdot capita^{-1}$），N 是人口数。

二、生态承载力计算

生态承载力（ecological carrying capacity，EC）是指特定研究区域内，自然生态系统中所有生物生产土地以及水域面积的总和。根据植被的初级生产力计算出不同土地类型的产量因子①，参照表 3－1。根据联合国世界环境与发展委员会（WCED）的建议，扣除 12%的总生态承载力用于生物多样性保护，剩余的部分为人类利用。总生态承载力的计算公式为：

$$EC = \sum_{j=1}^{6} a_j \times r_j \times y_j \tag{4}$$

式中 j 表示 6 种生物生产土地类型，a_j表示实际的生物生产土地面积，r_j代表均衡因子，y_j代表产量因子。

人均生态承载力的计算公式为：

$$ec = \frac{0.88 \times EC}{N} \tag{5}$$

式中，ec 表示人均生态承载力（$hm^2 \cdot capita^{-1}$），N 是区域内的人口总数。

三、生态账户平衡水平的计算

生态账户为生态承载力与生态足迹二者之间的差值，是评估该地

① 刘某承，李文华，谢高地．基于净初级生产力的中国生态足迹产量因子测算 [J]．生态学杂志，2010，29（3）：592－597.

区经济社会可持续发展状态的重要指标。当生态承载力的数值高于生态足迹时，该地区处于生态账户盈余状态，标志着区域经济社会的可持续发展；当生态承载力的值低于生态足迹时，表明该地区生态账户处于赤字状态，区域生态系统不足以支撑经济社区的可持续发展。人均生态账户赤字/生态账户（ecological deficit，ED）/生态账户盈余（ecological surplus）的计算公式如下：

$$ed = ec - ef \tag{6}$$

式中，ed 是人均生态赤字/生态盈余（$hm^2 \cdot capita^{-1}$）。

四、ARIMA 模型

ARIMA 模型的原理是将时间序列看作随机过程，基于时间序列的过去值和当前值，通过数学模型来模拟预测未来值。该模型兼顾了时间序列的动态性和持续性特征，阐明了过去和现在，将来和现在的相互关系①。构建该模型首先要将时间序列 X_t经过 d 阶差分，成为稳定序列 Y_t：

$$Y_t = \Delta^d X_t = (1 - B)^d X_t \tag{7}$$

式（7）中，（$1-B$）为常数项，d 为差分阶数。随后建立 ARIMA（p，q）模型：

$$Y_t = C + \varphi_1 Y_{t-1} + \varphi_2 Y_{t-2} + \cdots + \varphi_p Y_{t-p} + \cdots + \varphi_q \varepsilon_{t-q} \tag{8}$$

在 d 阶差分之后，ARIMA（p，d，q）模型是最终得到的时间序列模型，其中 p 是自回归模型的阶数，q 是移动平均阶数；式（8）中 ε_t是白噪声序列，φ_p是平稳序列的自回归系数，φ_q是平稳序列的移动平均系数，t 为时间序列的值。构建 ARIMA 模型通常包括序列稳定性检验、模型初步识别、模型参数估计和模型诊断分析四个阶段。

① 郑少智，杨卫欣．基于 ARIMA 模型的我国国内生产总值的分析与预测［J］．中国市场，2010（48）：24－28.

第三节　生态账户平衡能力驱动分析

本文采用 IPAT 模型来衡量人口数量、经济/消费增长和技术水平这三类人文驱动力因素对环境压力的影响，IPAT 模型的公式如下：

$$I = P \times A \times T \tag{9}$$

式中，I 为环境压力，本文用人均生态足迹（ef）表征；P 为人口数量；A 为经济水平，本文用国内生产总值（GDP）增长率和居民平均消费增长率表示；T 为技术水平，反映区域内单位消费或生产所产生的环境影响。考虑到城镇居民的消费水平和消费结构中高生态足迹的产品占比均高于农村居民，导致城镇居民的人均生态足迹（尤其是碳足迹）远远超过农村居民①，因此本文选取城镇化率代表参数 T。IPAT 模型中各参数在 2000—2019 年的值如表 3-2 所示。

表 3-2　用于人均生态足迹驱动力计算的指标构成

年份	P（人口数量参数）	A（经济水平参数）		T（技术水平参数）
	人口自然增长率（%）	GDP 增长率（%）	居民平均消费增长率（%）	城镇化率（%）
2000	5.10	7.65	8.85	26.70
2001	4.40	9.30	3.40	27.20
2002	3.90	10.05	6.29	28.20
2003	3.10	13.15	8.32	30.10
2004	2.80	17.91	28.32	31.10
2005	2.90	14.15	13.37	33.00
2006	2.86	18.05	8.99	34.30
2007	2.92	24.34	16.84	35.60

① Mostafa M M. A Bayesian approach to analyzing the ecological footprint of 140 nations [J]. Ecological Indicators，2010，10 (4)：808-817.

续表

年份	P（人口数量参数）	A（经济水平参数）		T（技术水平参数）
	人口自然增长率（%）	GDP增长率（%）	居民平均消费增长率（%）	城镇化率（%）
2008	2.39	20.77	15.45	37.40
2009	2.72	11.24	13.03	38.70
2010	2.31	21.38	19.22	40.18
2011	2.98	22.21	21.03	41.83
2012	2.97	13.64	13.90	43.53
2013	3.00	10.85	10.68	44.90
2014	3.20	8.95	−0.94	46.30
2015	3.36	5.02	10.22	47.69
2016	3.49	9.22	8.85	49.20
2017	4.23	14.38	9.04	50.80
2018	4.04	13.18	9.17	52.29
2019	3.61	8.66	9.48	53.79

本研究选用多元线性回归模型，对影响人均生态足迹变化的复合因素进行分析。选取 ef 为被解释变量，选取反映人口数量、经济水平和技术水平的指标作为 IPAT 模型的解释变量，建立多元线性回归模型。假设被解释变量 Y 与 k 个解释变量 X_j（$j=1, 2, \cdots, k$）之间存在线性关系，则存在以下多元线性回归模型：

$$Y=\beta_0+\beta_1X_1+\cdots+\beta_kX_k+\varepsilon \tag{10}$$

式（10）中，$\varepsilon \sim N(0, \sigma^2)$ 为随机误差，β_j（$j=0, 1, 2, \cdots, k$）和 σ^2 为待估参数。

一、数据来源

本文的数据主要来源于2000—2019年的《四川省统计年鉴》以及联合国粮农组织（FAO）提供的数据库。用于计算四川省生态足迹的消费项目分为生物资源和能源资源两类，生物资源账户由农、畜、林和水产品29个项目组成，本研究中各种生物性资源的全球平均产量根据FAO统计数据库2000年的全球总产量和播种面积计算得出；能源资源项目包括煤、原油、天然气、电力4个，以世界单位化石燃料生产土地面积的平均发热量为基准①。在计算生物资源账户消费量的时候，由于复杂的贸易数据产生较大的偏差，所以账户内各项目的消费量用生产量近似替代②。

基于前文理论分析、模型设定和数据整理，现对四川省2000—2019年的生态账户平衡水平、变化特征和人均生态账户平衡进行测算与分析，利用ARIMA模型对人均生态足迹与人均生态承载力进行拟合和预测，归纳变化趋势、预测未来发展方向；利用基于IPAT模型的多元线性回归方程解构人均生态足迹的驱动力。

二、四川省生态账户平衡水平及其变化分析

2000—2019年，四川省的生态足迹总量由0.53亿gha增加到0.77亿gha（见图3-1）。20年来，生态足迹年均增长1.2%，生态足迹的增加意味着人类对自然资源利用程度的增加和对生态环境压力的加剧。整体变化趋势显示先上升后下降，2009年达到顶峰后逐渐下降，尤其是2014年以后急速下降。其中，碳足迹是20年间增长最快的生态足迹类型，由0.205亿gha增加到0.395亿gha，年均增长0.95%；在全省生态足迹中的占比由38.45%增长到51.43%。20年来，四川省能源消费量从4564.09万吨标准煤增加到13575.50万吨标准煤。其中的高碳能源比例（煤炭和原油）由74.24%下降到51.21%，虽然能源结构有所优化，但总体能耗仍以高碳能源为主。草地生态足迹在20年间的增长幅度

---

① 赵甜，沈曦．潜力的兑现还是赢者的诅咒：来自跨区域能源项目电价反向招标的证据（2006—2020年）[J]．中国人口·资源与环境，2022，32（6）：52-66.

② 谢鸿宇，王羚郦，陈贤生．生态足迹评价模型的改进与应用[M]．北京：化学工业出版社，2008.

在6类生物生产土地中位列第二，由0.138亿gha增加到0.167亿gha，年均增长0.14%，主要因素是居民对奶类、禽蛋、猪牛羊肉和绵羊毛的消费快速增加。耕地足迹的绝对量增加幅度位于第三位，由0.139亿gha增加到0.151亿gha，年均增长0.06%，20年来我国豆类、油菜籽、蔬菜及茶叶消费量的快速增加是耕地足迹增幅较大的主要原因。水产品的消费量增加则驱动了水域生态足迹的增长，由0.03亿gha增加到0.011亿gha；而由于人民生活水平提高导致的用电量增加则致使建筑用地生态足迹由0.0003亿gha增加到0.0027亿gha。林地生态足迹略有下降，由0.047亿gha下降到0.042亿gha。

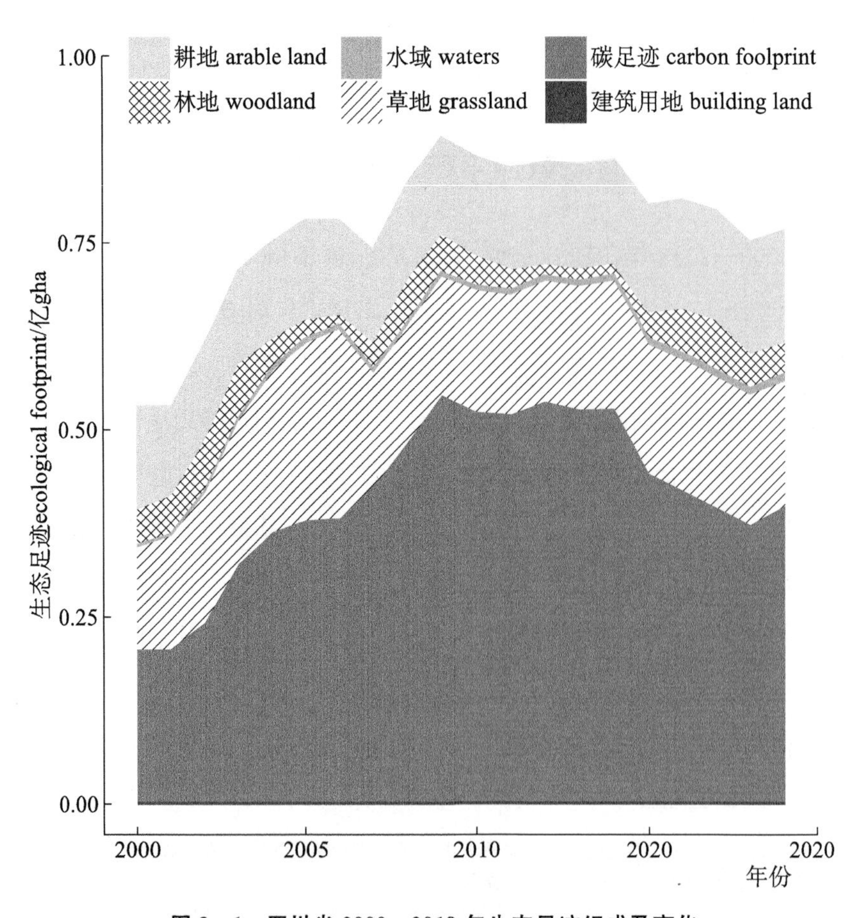

图3-1　四川省2000—2019年生态足迹组成及变化

三、四川省人均生态足迹与人均生态承载力的比较分析

通过表 3－3 对比可知，近年来四川省人均生态足迹的多样性水平较高，不同类型用地间人均生态足迹差异性较大，6 种生物生产性土地中化石能源用地、草地、耕地人均生态足迹最高，年平均为 0.459 亿 gha、0.198 亿 gha、0.154 $hm^2 \cdot capita^{-1}$，而林地、水域和建筑用地的人均生态足迹年均分别为 0.045 亿 gha、0.008 亿 gha 和 0.002 $hm^2 \cdot capita^{-1}$。草地的人均生态承载力最高，年均 0.252 $hm^2 \cdot capita^{-1}$，其次为耕地，年均 0.181 $hm^2 \cdot capita^{-1}$。6 类生物生产性土地中草地和耕地存在生态盈余，年均分别为 0.053 亿 gha 和 0.027 $hm^2 \cdot capita^{-1}$；林地存在生态赤字，年均－0.005 $hm^2 \cdot capita^{-1}$；水域和建筑用地的人均生态账户基本平衡。总体而言，近年来的四川省人均生态足迹呈现急速上升后缓慢下降的趋势，而人均生态承载力则表现为 M 形增长趋势，生态赤字呈现 V 形增长趋势。

关于化石能源用地的数据缺少 ec 和 ed 数据，化石能源土地是人类应该留出用于吸收 CO_2 的土地，但目前事实上人类并未留出这类土地，出于生态经济研究的谨慎性考虑，在生态足迹的计算中，考虑了 CO_2 吸收所需要的化石能源土地面积。对化石能源用地来说，生态足迹就是碳足迹，化石能源用地不存在生态承载力，全部是碳库。

四、ARIMA 模型的模拟

本节应用 EViews 10.0 软件分析 ARIMA 模型的拟合过程，在此以人均生态足迹（ef）为例阐述具体的模拟过程。

表 3-3　2000—2019 年四川省人均生态足迹与生态承载力的比较

类型	指数	2000	2001	2002	2003	2004	2005	2006	2007	2008	2009	2010	2011	2012	2013	2014	2015	2016	2017	2018	2019
耕地	*ef*	0.165	0.142	0.152	0.149	0.154	0.157	0.147	0.143	0.146	0.147	0.149	0.151	0.153	0.155	0.155	0.159	0.161	0.164	0.164	0.166
	ec	0.194	0.167	0.179	0.175	0.181	0.184	0.172	0.168	0.172	0.173	0.175	0.178	0.179	0.182	0.182	0.187	0.190	0.192	0.193	0.195
	ed	0.029	0.025	0.027	0.026	0.027	0.027	0.026	0.025	0.026	0.026	0.026	0.026	0.027	0.027	0.027	0.028	0.028	0.029	0.029	0.029
林地	*ef*	0.056	0.059	0.079	0.082	0.043	0.029	0.014	0.038	0.064	0.054	0.043	0.029	0.015	0.016	0.014	0.037	0.062	0.072	0.049	0.046
	ec	0.050	0.052	0.070	0.072	0.038	0.025	0.012	0.034	0.056	0.048	0.038	0.026	0.013	0.014	0.012	0.032	0.055	0.063	0.043	0.040
	ed	−0.007	−0.007	−0.010	−0.010	−0.005	−0.003	−0.002	−0.005	−0.008	−0.006	−0.005	−0.004	−0.002	−0.002	−0.002	−0.004	−0.007	−0.009	−0.006	−0.005
水域	*ef*	0.004	0.005	0.005	0.006	0.007	0.008	0.008	0.007	0.007	0.008	0.008	0.008	0.009	0.009	0.010	0.010	0.010	0.011	0.011	0.012
	ec	0.004	0.005	0.005	0.006	0.007	0.008	0.008	0.007	0.007	0.008	0.008	0.008	0.009	0.009	0.010	0.010	0.011	0.011	0.011	0.012
	ed	0.000	0.000	0.000	0.000	0.000	0.000	0.000	0.000	0.000	0.000	0.000	0.000	0.000	0.000	0.000	0.000	0.000	0.000	0.000	0.000
草地	*ef*	0.165	0.181	0.204	0.227	0.252	0.275	0.290	0.172	0.174	0.178	0.182	0.177	0.178	0.181	0.187	0.191	0.190	0.190	0.192	0.184
	ec	0.209	0.229	0.259	0.287	0.320	0.348	0.368	0.218	0.221	0.226	0.231	0.224	0.226	0.230	0.237	0.242	0.241	0.241	0.243	0.233
	ed	0.044	0.049	0.055	0.061	0.068	0.074	0.078	0.046	0.047	0.048	0.049	0.047	0.048	0.049	0.050	0.051	0.051	0.051	0.051	0.049
建筑用地	*ef*	0.000	0.000	0.000	0.001	0.001	0.001	0.001	0.001	0.001	0.002	0.002	0.002	0.002	0.002	0.002	0.002	0.002	0.003	0.003	0.003
	ec	0.000	0.000	0.000	0.000	0.001	0.001	0.001	0.001	0.001	0.001	0.002	0.002	0.002	0.002	0.002	0.002	0.002	0.002	0.003	0.003
	ed	0.000	0.000	0.000	0.000	0.000	0.000	0.000	0.000	0.000	0.000	0.000	0.000	0.000	0.000	0.000	0.000	0.000	0.000	0.000	0.000
化石能源用地	*ef*	0.244	0.244	0.285	0.374	0.421	0.437	0.437	0.481	0.540	0.606	0.580	0.572	0.589	0.575	0.575	0.483	0.459	0.433	0.406	0.434
总计	*ef*	0.634	0.631	0.726	0.839	0.877	0.906	0.897	0.843	0.933	0.994	0.963	0.940	0.945	0.939	0.943	0.881	0.886	0.873	0.825	0.844
	ec	0.402	0.399	0.452	0.477	0.480	0.499	0.495	0.377	0.403	0.401	0.398	0.386	0.377	0.385	0.390	0.416	0.438	0.449	0.434	0.425
	ed	−0.232	−0.232	−0.274	−0.362	−0.397	−0.407	−0.402	−0.466	−0.530	−0.594	−0.564	−0.555	−0.568	−0.554	−0.553	−0.465	−0.448	−0.424	−0.391	−0.419

注：人均生态足迹、人均生态承载力与人均生态赤字的单位均为 $hm^2 \cdot capita^{-1}$。

（一）序列的平稳化处理

人均生态足迹用 X_t 代表，X_t 随时间延续呈现先急速上升后缓慢下降趋势，不是平稳序列，在使用单位根检验（ADF）证明之后，呈现出相同的结果。因此，需要对 X_t 序列进行一阶差分运算，得到序列 Y_t，之后再次对 Y_t 进行单位根检验（见表 3－4）。其结果表明一阶差分序列中的单位根检验值（T）明显低于 1%、5%以及 10%显著性水平下的临界值（P＝0.0069），因此，拒绝单位根存在的原始假设，即单位根不存在，Y_t 序列稳定。

表 3－4　一阶差分序列单位根检验结果

置信水平	T 检验值	概率
1%	－4.00443	0.0069
5%	－3.0989	—
10%	－2.69044	—

（二）模型初步识别

从平稳性检验中发现 d＝1，在确定 Y_t 序列达到稳定状态后，ARIMA（p，d，q）中的 p 和 q 由该序列的偏自回归函数（PACF）和自回归函数（ACF）来确定。从表 3－5 可以看出，Y_t 序列的偏自相关系数和自相关系数的值均为拖尾，它们都在二次滞后显示几何递减，因此考虑 p 和 q 的值是 1 或 2，可能适合的模型有 ARIMA（1，1，1）、ARIMA（1，1，2）、ARIMA（2，1，1）和 ARIMA（2，1，2）。

表 3－5　一阶差分序列的自相关系数和偏自相关系数的值

自相关系数	偏自相关系数	Q-统计量	概率
－0.209	－0.209	0.9288	0.335
－0.385	－0.448	4.2627	0.119
0.174	－0.047	4.993	0.172

续表

自相关系数	偏自相关系数	Q-统计量	概率
−0.182	−0.411	5.8454	0.211
0.076	−0.046	6.0038	0.306
0.235	0.008	7.6644	0.264
−0.209	−0.084	9.0914	0.246
0.087	0.153	9.3617	0.313
−0.095	−0.202	9.725	0.373
−0.098	0.016	10.153	0.427
0.232	−0.024	12.912	0.299
−0.101	−0.088	13.526	0.332

（三）模型的参数估计

模型参数是由 AIC 准则和 SC 准则等综合确定的，通常更小的 AIC 值表示滞后阶数更为适合。经过 EViews10.0 反复计算，选出 Y_t 序列的最佳预测模型为 ARIMA（2，1，1）。该模型的判定系数 R^2 的值为 0.58，校正后的判定系数 R^2 的值是 0.52，标准误差值为 0.03，AIC 值为−3.80，SC 值为−3.65。

（四）模型诊断分析

模型初步建立之后，需要进行诊断分析，确认得到的模型与观测到的数据特征一致（Wackernagel et al.，1997）。通过诊断分析的模型需要满足以下两个条件：第一，模型中 AR 和 MA 特征根的倒数值均在单位圆内分布；第二，残差序列需要通过单位根检验或 Q 检验，以此证明为白噪声序列。如图 3 - 2 所示，ARIMA（2，1，1）模型中 AR 和 MA 特征根的倒数值均在单位圆内分布，分别为 0.52、−0.52、−0.99、0.99；另外，残差序列的 Q 检验结果（见表 3 - 6）证实了残差序列的自相关系数在随机区间内分布，残差是白噪声序列。

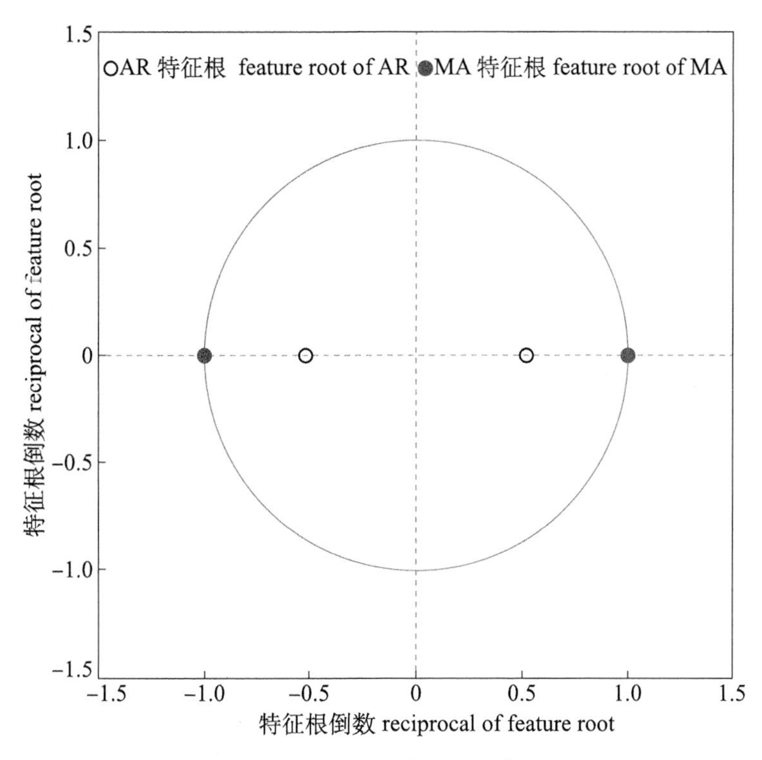

图 3-2　特征根的倒数值检验

表 3-6　残差序列的 Q 检验结果

自相关系数	偏自相关系数	Q-统计量	概率
−0.165	−0.165	0.5521	—
0.012	−0.016	0.5551	—
−0.004	−0.005	0.5555	0.456
−0.019	−0.021	0.5648	0.754
−0.072	−0.081	0.7056	0.872
−0.106	−0.136	1.0357	0.904
−0.159	−0.213	1.8526	0.869
0.032	−0.047	1.8886	0.93
−0.086	−0.112	2.186	0.949
−0.146	−0.231	3.1672	0.923
0.239	0.132	6.2306	0.717
−0.118	−0.135	7.1236	0.714

模型的拟合情况如图 3－3 所示，模型的拟合值和实际值的变化趋势相同，模型的残差值在－0.05 到 0.05 的小范围内不规则地波动，表明模型的拟合效果较好。由此可见，ARIMA（2，1，1）是最佳模型，将 ARIMA（2，1，1）模型中的所有参数代入式（8），得出：

$$Y_t = -0.0033 + 0.714Y_{t-1} - 0.159Y_{t-2} + \varepsilon_t - 0.9998\varepsilon_{t-1} \quad (11)$$

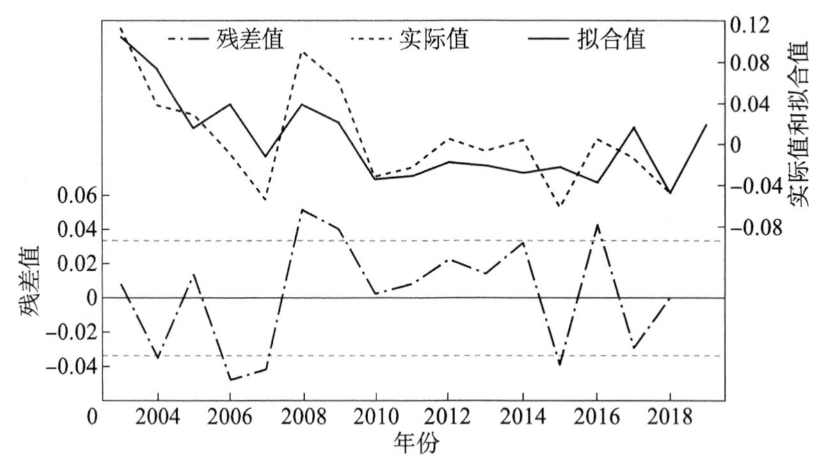

图 3－3 人均生态足迹 Y_t 序列拟合效果

上述公式可以被看作 ef 的最终拟合方程。人均生态承载力（ec）的模拟过程和 ef 相同，考虑到文章的篇幅有限，故在此省略，其拟合效果参照图 3－4。

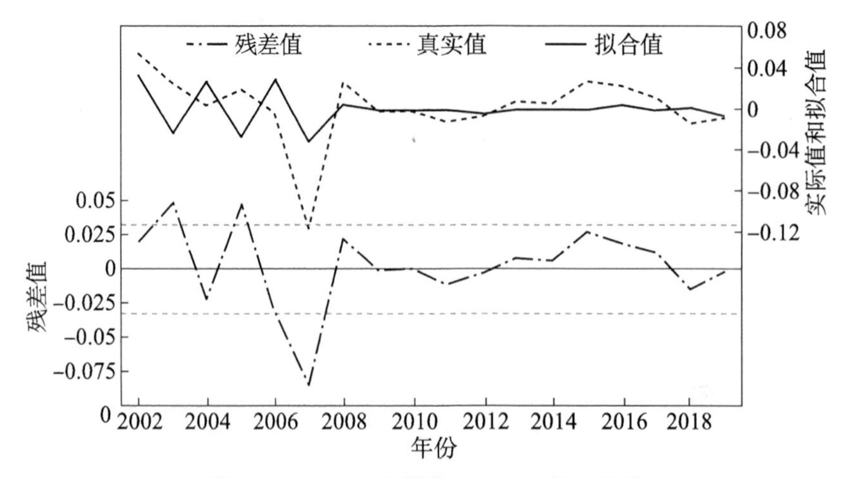

图 3－4 人均生态承载力 Y_t 序列拟合效果

（五）ARIMA 模型的预测结果分析

根据 ARIMA 模型对四川省 *ef* 和 *ec* 未来几年内的预测结果（见表 3-7）可知：*ef* 在 2020—2025 年逐渐降低，由 2019 年的 0.844 hm^2 · $capita^{-1}$ 逐年下降至 2025 年的 0.787 hm^2 · $capita^{-1}$，*ec* 基本维持恒定（0.41～0.43 hm^2 · $capita^{-1}$），*ed* 的变化趋势和 *ef* 相同，由 2019 年的 −0.419 hm^2 · $capita^{-1}$ 逐年下降到 2025 年的 −0.377 hm^2 · $capita^{-1}$。但总体来讲，四川省在“十四五”期间的经济社会发展进程中，生态账户仍然处于赤字状态。

表 3-7　2020—2025 年四川省人均生态足迹和人均生态承载力预测

年份	*ef*	*ec*	*ed*
2020	0.825	0.430	−0.395
2021	0.824	0.420	−0.404
2022	0.812	0.420	−0.392
2023	0.805	0.420	−0.385
2024	0.795	0.420	−0.375
2025	0.787	0.410	−0.377

（六）人均生态足迹的驱动力分析

本研究采用 R 4.2.0 统计软件，将人口自然增长率、GDP 增长率、居民平均消费增长率以及城镇化率作为自变量，人均生态足迹作为因变量，通过多元线性回归分析人均生态足迹的影响因素。

第四节　多元线性回归方程的检验结果

一、多元线性回归方程的统计检验结果

多元线性回归方程的统计检验结果如表 3-8 和表 3-9 所示。由表

3－8可知，模型的判定系数 R^2＝0.8856和调整后的判定系数 R^2＝0.8551均较高，这说明模型对样本数据的拟合效果较好。多元线性回归中的残差标准误差 s_e＝0.0379，表示用4个自变量来预测 ef 的平均预测误差为0.0379个单位。检验线性关系时提出原假设 H_0：β_1、β_2、β_3、β_4 均为0；备择假设 H_1：β_1、β_2、β_3、β_4 至少有1个不等于0。回归方程的线性关系检验结果如表3－8所示，F＝29.03，P＜0.001，因此拒绝原假设 H_0，表明线性关系显著。

表3－8　多元线性模型主要统计量

多重判定系数 R^2	调整后多重判定系数 R^2	残差的标准误差	F 值	显著性
0.8856	0.8551	0.03791	29.03	6.625e—07***

表3－9　多元线性模型参数的估计与检验

模型参数	系数（β_j）	标准误差	t 值	显著性检验结果 Pr 值（＞|t|）
截距	1.0753	0.0936	11.484	7.87e—09***
人口自然增长率	—0.1175	0.0160	—7.345	2.42e—06***
GDP增长率	0.0013	0.0023	0.548	0.5914
居民平均消费增长率	0.0004	0.0018	0.218	0.8304
城镇化率	0.0049	0.0010	4.724	2.72e—04***

将表3－9中的系数 β_j 代入式（10）中，可得多元线性回归方程：

$$Y = 1.0753 - 0.1175X_1 + 0.0013X_2 + 0.0004X_3 + 0.0049X_4 \quad (12)$$

式（12）中，X_1 为人口自然增长率，X_2 为GDP增长率，X_3 为居民平均消费增长率，X_4 为城镇化率。

各回归系数的实际意义为：β_1＝—0.1175表示 X_1（人口自然增长率）每增加1%，Y（ef）平均减少0.1175个单位；β_2＝0.0013表示 X_2（GDP增长率）每增加1%，Y（ef）平均增加0.0013个单位；β_3＝0.0004表示 X_3（居民平均消费率）每增加1%，Y（ef）平均增加

0.0004 个单位；$\beta_4=0.0049$ 表示 X_4（城镇化率）每增加 1%，Y（ef）平均增加 0.0049 个单位。β_j 按绝对值的大小依次排序为：$|\beta_1|>|\beta_4|>|\beta_2|>|\beta_3|$，由此可知，在 4 个自变量中，$X_1$（人口自然增长率）为最重要影响因素，其次为 X_4（城镇化率）。

由表 3-9 可知，回归系数 β_1、β_4 所对应的 P 值小于 0.001，而 β_2、β_3 所对应的 P 值大于 0.05，因此，在 4 个自变量中，人口自然增长率与城镇化率的影响显著，GDP 增长率与居民平均消费增长率的影响不显著，即 IPAT 模型中的 P 和 T 的影响显著，而 A 的影响不显著。因此，需要考虑去除 X_2 和 X_3 这两个与 Y 没有显著线性关系的自变量，再次对 Y 与 X_1 和 X_4 作多元线性回归模型分析，结果如表 3-10 和表 3-11 所示。由表 3-10 可知，模型的判定系数 $R^2=0.8833$ 和调整后的判定系数 $R^2=0.8659$ 均较高，这说明去除掉 X_2 和 X_3 这两个自变量对模型的整体拟合效果影响不大，优化之后的模型对样本数据的拟合效果依旧较好。将表 3-11 中的系数 β_j 代入式（10）中，最终得到优化之后的多元线性回归方程：

$$Y=1.0441-0.1135X_1+0.0049X_4 \tag{13}$$

表 3-10　优化后的多元线性模型主要统计量

多重判定系数 R^2	调整后多重判定系数 R^2	残差的标准误差	F 值	显著性
0.8833	0.8659	0.0359	64.32	1.178e−08***

表 3-11　优化后的多元线性模型参数的估计与检验

模型参数	系数（β_j）	标准误差	t 值	显著性检验结果 Pr 值（$>|t|$）
截距	1.0441	0.0563	18.545	1.02e−12***
人口自然增长率	−0.1135	0.0117	−9.689	2.46e−08***
城镇化率	0.0049	0.0009	5.270	6.25e−05***

二、优化后的多元线性回归方程的计量经济学检验

（一）多重共线性

由多重共线性检验可知，优化后的多元线性回归模型中解释变量的方差扩大因子（VIF）的平方根值均小于2，因此认为该模型的各个解释变量之间不存在多重共线性。

（二）残差正态性

由标准正态分布的分位数为横坐标、学生化残差值为纵坐标的正态概率图3－5（Quantile-Quantile，Q-Q）可知，样本数据近似地分布于一条直线附近，表明学生化残差符合正态性。

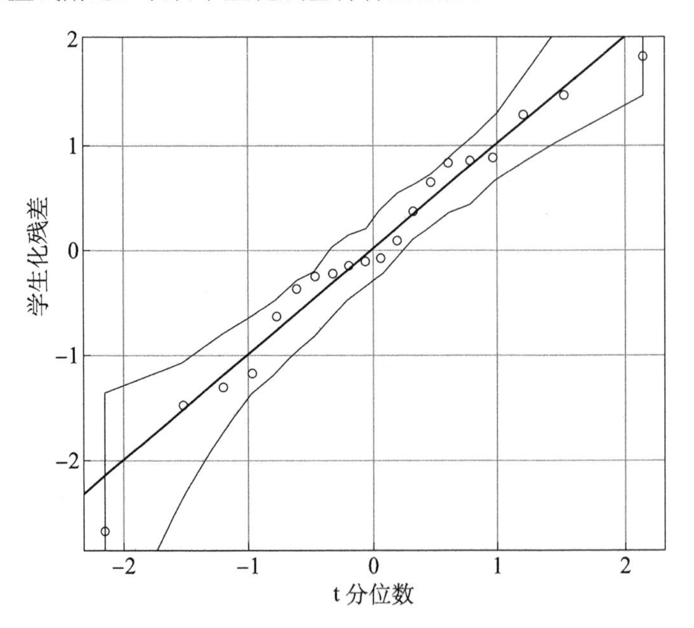

图3－5　多元线性回归残差正态Q-Q图

（三）同方差性原假设

H_0：回归模型的随机误差全部为零，符合同方差性；备择假设

H_1：回归模型的随机误差不全等于零，符合异方差性。怀特检验（White test）结果显示，$\chi^2=0.1381$，$P=0.7101$，因此接受原假设，表明该模型不存在异方差。

（四）自相关性

原假设 H_0：回归模型的随机误差项不存在序列自相关；备择假设 H_1：回归模型的随机误差项存在序列自相关。由杜宾-瓦特森检验（Durbin-Watson，D-W）结果可知，$DW=2.0303$，$P=0.672$，即此回归模型的随机误差项不存在序列自相关，表明该回归方程能够充分拟合被解释变量 ef 的变化特征规律。

第五节 四川省生态账户平衡能力的结论与讨论

一、结论

第一，2000—2019 年，四川省生态足迹年均增长 1.2%，表明对自然资源的利用程度逐渐加大。首先，碳足迹是增长最快的生态足迹类型，年均增长 0.95%，占全省生态足迹的比重截至 2019 年已经超过 50%，主要原因是区域经济社会的快速发展过程中对高碳能源的需求和消耗量不断增加。其次，草地生态足迹在 20 年内的增加幅度仅次于碳足迹，主要原因是城镇化和居民生活水平的提高，增加了肉蛋奶类等草地生产产品的消费。最后，在 6 类生物生产性土地类型中，只有林地生态足迹略有下降，主要原因是居民对蔬菜和茶叶等农副产品需求的不断增加导致了耕地生态足迹的增长，而林地生态足迹的下降有赖于近年来森林生态系统保护政策的有效落实。

第二，近 20 年来，四川省人均生态账户平衡变化趋势与总生态账户平衡水平基本一致，化石能源用地、草地、耕地人均生态足迹最高，不同土地利用类型间的人均生态足迹差异很大。在6种生物生产性土地中，只有草地和耕地存在生态盈余，主要原因是四川省的草地和耕地自然资源禀赋导致其人均生态资本相较人均生态负债更高。

第三，四川省2000—2019年人均生态足迹的总体性上升趋势受到城镇化率的显著影响，而与经济增长水平呈现弱相关关系。其中，人均生态足迹与城镇化率呈正相关，表明快速城镇化会导致生物资源和能源的大量消费；而人均生态足迹与经济增长之间的弱相关关系（尤其是2016年之后），说明四川省“十三五”期间经济社会绿色低碳转型成效显著，使得经济增长与资源和能源消耗之间的关系不断弱化。

第四，预计在“十四五”期间，四川省人均生态足迹将不断下降，随着经济增长与资源消耗或环境污染脱钩程度的加大，人们对自然资源和能源的消费将不断下降。人均生态赤字不断减少，表明低碳绿色经济政策措施得到有效实施。总体而言，四川省人均生态账户平衡水平正在加强，生态系统逐渐恢复了内在平衡，省内生态安全问题得到了有效缓解，这对西部其他省份判定经济增长与生态账户平衡关系，并据此制定可持续发展路径提供了政策依据。

二、讨论

四川省2000—2019年高碳能源的大量消耗导致碳足迹的逐年递增，并且在6类生物生产土地类型中生态足迹占比最高，这与我国多省碳足迹的表现一致，经济社会发展所带来的能源消耗量的急剧增加是碳足迹快速增长的主要原因。针对近年来四川省碳足迹快速增长的情况，亟须改变经济发展过度依靠高碳资源的模式，调整能源结构，大力发展化石能源替代产业。而奶类、禽蛋和牛羊肉消费量的快速增加导致草地生态足迹在20年间的增长幅度仅次于碳足迹，该结果与我国辽宁、陕西等省份表现出来的耕地生态足迹排名第二位的研究结果有差异；[①] 这与川西牧区丰富的天然草场资源有关，因此草地的人均生态承载力和生态盈余最高，同时也表现出城镇化带来居民饮食结构偏向肉蛋奶类的倾向。

四川省 2000—2019 年人均生态资本消耗的总体性上升趋势与人口自然增长率呈负相关，而与城镇化率呈正相关，与本文假设一致，其原因可能是由于生育率同时受到生态环境、社会经济发展水平及思想意识的共同作用，随着城镇化率不断升高，城市人口占总人口的比重迅速上升，而城市人口的生育率明显低于农村人口，因此最终导致人口自然增长率逐渐降低；[②] 此外，城镇化导致生物资源和能源消费的快速增长成为人均生态足迹增加的主要驱动力。[③] 因此，科学地认识城镇化率与人均生态账户之间的协同变化关系，对于平衡城镇化发展与自然生态环境保护、科学划定各类国土空间管控边界、制定流动人口空间管理政策具有重要意义。

本节中人均生态足迹与 GDP 增长率之间呈弱相关关系，这与本节的假设相反，尤其是四川省总人均生态足迹在 2016 年之后逐步下降的趋势与占比最高的人均碳足迹下降的趋势协同变化，体现出四川省“十三五”期间绿色低碳转型成效显著，说明四川省正在向以较低的生态环境代价获得可持续的经济增长发展。另外，对四川省人均生态足迹和生态承载力在“十四五”期间的预测表明，四川省人均生态承载力会随着土地利用方式和状况的改进而改善，且稳定在一定的水平上。在省域资源总量有限的前提下，人均生态赤字年际间减少的总体趋势是生态环保政策的有效落实和民众绿色低碳意识增加的综合效应。

---

① 顾晓薇，王青，刘建兴，等．辽宁省自然资源可持续利用的生态足迹分析［J］．资源科学，2005，27（4）：118 - 124.

② 邓羽，刘盛和，蔡建明，等．中国省际人口空间格局演化的分析方法与实证［J］．地理学报，2014，69（10）：1473 - 1486.

③ 王玲玲，戴淑芬，王琛．城镇化水平与我国居民食物消费生态足迹：变化与影响［J］．广东财经大学学报，2021，36（3）：77 - 92.

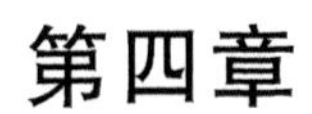

第四章

四川省在生态环境保护方面面临的挑战与机遇

四川省生态环境仍处于压力叠加、负重前行的关键期，筑牢长江黄河上游生态屏障还面临不少压力和困难，大气质量改善仍未突破瓶颈制约，保持国省考断面100%的达标任务艰巨，污染防治攻坚战还有不少短板弱项，思想认识和工作方法还存在一定差距。同时，也要看到生态环境工作仍处于战略机遇期和干事创业的窗口期，有很多有利的工作条件。当前，经济社会发展已进入加快绿色化、低碳化，推动实现高质量发展的转型阶段；污染防治攻坚已到了进则胜、不进则退，推动实现生态环境改善由量变到质变的相持阶段；美丽中国建设已迎来积厚成势、全面推进，推动实现人与自然和谐共生的现代化的提速阶段。挑战和机遇并存，要变压力为动力，增强工作主动性、积极性，千方百计想办法，抓住时代的机遇，创造条件，在筑牢长江黄河上游生态屏障过程中唱主角、挑大梁。

第一节　生态环境保护存在的问题与挑战

四川省与全国其他地区一样，在生态文明建设方面依然处于关键期，面临重大挑战。在保护与发展方面长期矛盾和短期问题交织，生态环境保护的结构性、根源性和趋势性压力尚未得到根本缓解。进入新的发展阶段后，全省在生态环境保护工作方面仍面临诸多问题和挑战。生态文明建设任重而道远，环境治理成效尚不稳固，环境质量持续改善的难度日益加大。

一、水资源与水安全存在问题

（一）水资源时空分布的不均衡性

从时间维度观察，每年 5～10 月的降水量占全年总降水量的约 70%，且这些降水多以洪水形式迅速流失。从空间维度分析，占全省 80%的人口、耕地和经济总量的盆地腹部区域水资源量仅占全省的 20%。该区域的人均水资源量不足 1000 m^3，遂宁、资阳、自贡、内江 4 市的人均水资源量更是不足 500 m^3，低于全国人均水平的 1/4、全省人均水平的 1/5。

（二）节水管理制度和节水意识淡薄

当前存在节水意识淡薄、重视水资源开发而忽视水资源节约、重保障轻约束等现象。水资源的刚性约束力度不足，需水管理尚未达到理想状态。节水管理制度和有效政策尚不健全，许多单位和个人的用水习惯仍较为粗放。灌溉水的有效利用系数低于全国平均水平，部分高耗水工业企业的用水效率较低，非常规水源的利用率亦偏低。

（三）防洪保安存在薄弱环节

在防洪保安方面，江河堤防建设和山洪沟治理落后，渠江流域的防洪控制性水库仍在建设中，沱江流域缺乏防洪控制性水库。部分城镇和乡村的防洪设施不达标，一些城市的内涝问题显著，现有水利工程存在安全隐患，水文站网数量不足，监测预报预警调度体系尚待完善。

（四）在供水保障方面，水资源的开发利用不足

水利工程的蓄引提水能力仅占水资源总量的13%，不足全国平均水平的一半。水网体系不完善，跨区域、跨流域的水资源调配能力不强，部分城市缺少应急备用水源，农村生活供水保障程度不高，有效灌溉面积仅占耕地面积的45%。随着成渝地区双城经济圈建设和“一干多支、五区协同”发展战略的推进，用水的刚性需求将持续增长，供需矛盾日益显著。

（五）水生态保护与修复需要持续投资

一些河段的生态水量不足，岷江、沱江局部河段及部分中小河流亟须加强水污染防治和水生态修复与治理，水域岸线的分区管控需要加强。全省现有水土流失面积达10.95万平方千米。水利投入的稳定增长机制尚未完全建立。水资源调配体系、水利建设市场监督体系、工程建设质量与安全管理体制均不健全。水利工程建设和管理运营机制、节水机制、水价形成机制等亟须改善和完善。

二、土壤污染治理难度较大

（一）源头污染压力较大

四川省作为长江和黄河上游的关键生态屏障与重要水源涵养地，肩负着维护国家生态环境安全的重要责任。在长江经济带九省二市的源头位置，该省既是长江、黄河上游水源涵养区，也是重要的生态屏障。遵循习近平总书记关于共抓大保护、不搞大开发的指导思想，四川省必须从源头着手，强化土壤污染防控措施，以此筑牢长江、黄河上游的生态屏障。这对于保障国家经济社会的持续、健康和协调发展，提供良好的生态环境，具有极为重要的意义。

（二）涉重金属企业多，重金属污染物排放量大

四川省被界定为全国的重金属重点控制区域。该省拥有众多涉及重金属的企业，且其重金属污染物的排放量较大。历史上，沿江沿河地带的化工企业和城市人口密集区的危化品企业较为集中，存在较大的污染隐患。根据对土壤污染状况的初步调查，全省安全利用类农用地约677万亩，严格管控类农用地约22.75万亩，主要超标污染因子为镉。针对全省重点行业企业用地的调查结果显示，超标率高达70%以上，主要污染物包括砷、六价铬、铅、镍等。重点区域土壤污染调查表明，工业园区周边、垃圾填埋场和焚烧厂周边、废弃矿井、矿山和尾矿库周边的土壤超标率分别为20.08%、18.03%、56.12%和22.59%，主要超标因子为镉、铜、铬、镍等重金属。由此可见，四川省的土壤污染点多、面广，部分区域存在突出的历史遗留问题和土壤污染隐患。

（三）土壤污染防治工作起步晚，监管能力不足

四川省在土壤污染防治方面起步较晚，目前面临监管能力不足、管理制度和政策措施不完善、风险管控与土壤污染治理及修复技术不成熟等多方面问题。为了有效应对这些问题，四川省已启动长江黄河上游土壤风险管控区建设项目，旨在在土壤污染源头预防、风险管控与修复、提升土壤监管能力、创新土壤管理制度和政策、开展土壤基础研究和适用技术研发等方面进行积极探索。通过借鉴国内外先进的成功经验，并结合四川省的土壤污染现状和区域特性，四川省正致力于形成一套适合本省的土壤风险防控模式。这一模式对于推进四川省土壤污染防治工作，加强生态保护与修复，筑牢长江黄河上游的生态屏障具有深远的意义。在此过程中，集中力量攻克技术难题、加强监管体系建设，并不断完善相关法规政策是确保有效防治土壤污染、保

障生态安全的关键。

综上所述，四川省作为长江黄河上游的生态屏障，面临着源头污染压力、重金属污染的严峻挑战以及土壤污染防治的后发劣势。因此，四川须采取更加系统、科学的措施全面地应对这些挑战，保护和修复脆弱的生态环境。

三、矿产资源利用与环保协调难度大

（一）部分地区基础地质工作程度相对较低

四川省北部地区拥有丰富的有色金属及贵金属矿产资源。然而，该区域1∶50000比例尺的区域地质调查覆盖率仅为28.5%，显著低于全国44.6%的平均水平。四川省的锂矿（Li_2O）和晶质石墨资源量分别在全国排名第一和第四，具有明显的资源优势，但大多数矿山尚未投入生产，导致资源优势未得到充分发挥。此外，部分含有益共伴生矿物的钒钛磁铁矿（如钴、镍、钪等）和锂辉石（如铍、铌、钽等）的综合利用水平不高，未能实现产业化利用。在矿区生态修复方面，省内历史遗留矿山众多，分区分类实施科学精准修复面临较大挑战。生产矿山尚未全面建立“边开采、边治理、边恢复”的机制。普通建筑用砂石土类矿产普遍存在小、散、乱的问题，规模化、集约化程度不高，矿山资源量与开采规模不匹配，其中大中型矿山的比例仅为6.7%。

（二）省内矿产资源要素保障压力凸显

“十四五”时期是中国全面建设社会主义现代化国家新征程的起始五年。四川省经济已进入高质量发展阶段，在全球百年未有之大变局背景下，全国及四川省的矿产资源稳定持续供应面临更大的挑战。四川作为成渝地区双城经济圈建设核心区，肩负着推动全国高质量发展的重要增长极和内陆开放战略高地的目标，同时也承担着筑牢长江黄河上游生态安全屏障的重要使命。这对四川省矿业高质量发展提出了更高的要求。

国内外矿产资源供应形势复杂多变，中国作为矿产资源消费大国，对石油、天然气、铁、铜等大宗矿产的自给率不足，多数重要矿产的对外依存度超过 50%。在全球战略竞争加剧和贸易摩擦风险增大的情况下，资源保障风险显著提高。加强天然气（页岩气）、钒、钛、锂等四川优势矿产资源的勘查，促进找矿增储，强化国家资源安全保障支撑面临艰巨挑战，省内矿产资源要素保障压力显著。“十四五”期间成为四川抢抓国家重大战略机遇的关键时期。省内“5＋1”产业迅猛发展对矿产资源要素提出了新的更大需求。同时，为增强矿业可持续发展能力，亟须调整优化矿产资源的开发利用布局和产能结构，推进延伸锂、石墨、优质玄武岩等新兴产业链，实现矿业的绿色低碳发展。

四川既是长江黄河上游生态安全屏障，也是国家天然气、页岩气、钒、钛、稀土、锂、磷等重要矿产资源的保障基地。“绿水青山就是金山银山”的理念和“碳达峰、碳中和”的战略目标对矿产资源的开发利用提出了新的更高要求。部分矿产的产能结构急需优化调整，必须统筹规划，精准施策，进一步优化矿业布局，实现资源的集约节约高效利用，促进资源开发与生态保护的协调发展。

四、保护生物多样性筑牢生态屏障的水平有待提高

生物多样性依然面临威胁。自然灾害和不合理的人类活动，导致动物迁徙和基因交换的廊道受阻，大熊猫等珍稀野生动物生境受损，水生生物多样性下降。长江上游受威胁鱼类占全国鱼类总数的 27.6%，中华鲟等珍稀物种濒临灭绝。

（一）生物多样性管理能力有待提升

尽管四川省在过去数十年中已投入大量人力、物力和财力进行生物多样性基础调查，但这些调查多由地方机构主导，缺乏统一的领导和规范化的数据标准，致使尚未建立完善的生物多样性数据库。重复性调查现象频繁出现。在生物多样性监测方面，尽管已建立了生态系统研究网络、国家陆地生态系统定位观测研究网络等多个监测平台，但各监测网络之间的数据融合程度低，且难以形成有效的数据共享机制，监测的时效性不足。

（二）生物多样性保护的科学性有待增强

近年来，虽然生态学和保护生物学领域取得了重要理论进展，并出现了多项重要成果，但这些理论成果尚未及时被融入生物多样性保护的实践。生物多样性保护的理念和方法论体系更新不及时，限制了生物多样性保护工作的科学性。

（三）生物多样性保护人才体系有待优化

当前学科体系中，以传统分类学为代表的基础学科逐渐边缘化，导致分类学领域人才严重短缺，人才队伍建设出现大面积断层现象。评价体系倾向导致越来越多青年科研工作者转向分子生物学等前沿学科，忽视了分类学等传统学科。在各大高校快速发展的背景下，农林类高校在生物多样性保护领域的主导作用有待加强。

（四）生物多样性保护长效机制有待形成

虽然四川省在生物多样性就地和迁地保护方面取得了显著成果，但多数自然保护区的管理水平仍需提升。权属不明确、交叉管理等问题依然存在，这些问题严重制约了以国家公园为主体的自然保护区建设。同时，生物多样性保护的长效资金保障制度尚未建立，社会资金投入有限。此外，生物多样性保护的法律体系尚不完善，保护行动的法律基础需要进一步加强。

（五）生物多样性保护的全民参与度有待提高

尽管生物多样性保护的理念已在社会上得到广泛宣传，但四川省生物多样性保护的全民参与度仍然较低。生物多样性违法事件时有发生，公众缺乏参与生物多样性保护的积极性。保护生物多样性与提升民众生活质量之间的冲突依然存在，且尚未形成有效的利益共享机制。

五、生态、农业、城镇空间功能冲突明显

在四川省，农牧业发展对生态空间的侵占及城镇扩张对优质耕地的占用问题日益凸显。特别是在生态保护至关重要的区域内，存在约 493.96 平方千米的建设用地，主要集中在盆周山地和川西地区；而耕地面积达 975.88 平方千米，亦主要分布在盆周山地。城镇建设不适宜区内有约 239.04 平方千米的建成区，该区域地质条件复杂、地质灾害风险高，集中于盆周山地和川西地区。城镇建设适宜区的耕地面积为 1.42 万平方千米，主要位于盆地内城镇周边，突出了耕地保护与城镇开发间的矛盾。

（一）自然生态系统局部脆弱

受全球气候变化与人类活动的共同影响，四川省内的森林、草原、湿地、冰川等自然生态系统在局部区域遭受损害，功能出现退化。中度及以上生态脆弱区所占比例达 17.65%，表现为森林质量普遍不高、自然湿地萎缩、江河源头水源涵养功能减弱、草原退化、冰川消融、雪线上升等问题。

（二）水土流失问题仍然突出

四川省水土流失面积达10.95万平方千米，占省域面积的22.5%，广泛分布于川中丘陵、盆周山地和干热干旱河谷区域。石漠化面积为0.67万平方千米，沙化面积为0.86万平方千米。生态供水在局部区域存在失衡现象，水资源的时空分布不均，全年降水量主要集中在5月至9月，部分河湖的水源补给不稳定，季节性、区域性、工程性缺水现象明显，重点河湖的生态流量保障不足。

（三）农田生态系统功能不佳

四川省的农田生态系统功能出现减弱，表现为农田碎片化严重、中低产田比例较高、25°以上坡耕地占全省耕地面积的8%，退化耕地面积达1.75万平方千米。在成都平原和川中丘陵等区域，大量林盘、坑塘等半自然生境减少，导致田间生物多样性降低。

（四）城镇生态系统韧性不足

城镇扩张对生态空间的挤占现象在四川省成为明显的问题，林地、草地、湿地、耕地等生态要素减少。特别是成都平原和川中丘陵等区域的大城市，热岛效应显著，过境水系河道缓冲区缺失，嘉陵江、沱江等长江重要支流沿岸城市洪涝灾害频发，城镇生态系统的自我调节功能下降。

六、环境治理技术与治理方式面临新要求

在“十四五”时期，四川省环境质量改善的空间逐渐缩小，污染治理工作进入更深层次的难点区域。产业、能源、运输、用地结构的调整以及社会生活中饮食、穿着、居住、交通等行为习惯的变化将成

为生态环境保护的重点。这些调整和改变涉及周期长，面临诸多认识和实践问题，解决难度较大，推动环境质量持续稳定改善的挑战随之增大。

在“十四五”时期，四川省生物多样性保护形势仍然严峻，农业面源污染依然突出，臭氧污染日益显著，碳达峰任务艰巨。新型污染物，如内分泌干扰物、全氟化合物、微塑料等类别持续增多。传统的治理技术和方法越来越无法满足新时代生态环境保护的需求，呼吁采用新的治理技术和方法应对这些挑战。内外部环境不稳定性、不确定性明显增多。

在“十四五”期间，四川省在协调发展与保护方面面临的挑战日益增加，发展与保护之间的不平衡和不充分问题依然显著。中央和省级生态环境保护督察揭示的问题在某些地区尚未得到充分整改，大气和水环境治理成效不稳定，环境基础设施建设存在不足。一些地区在落实绿色发展理念方面存在差距，环境保护执法和监管水平不高，力度不足。这些问题对四川省绿色发展转型、实现碳达峰目标、深入推进污染防治攻坚战等工作构成了严峻挑战。

第二节　生态环境保护面临的机遇

一、生态文明建设步伐明显加快

党的十八大以来，以习近平同志为核心的党中央将生态文明建设纳入了国家的“五位一体”总体布局中。这一举措代表了对生态文明建设全面加强的决心，引领了一系列根本性、创新性、长期性的生态文明建设工作。在这一框架下，四川省持续在高水平上推动生态文明建设，鉴于新形势、新任务、新要求，四川省生态文明建设的步伐必将进一步加快。国家发展战略为生态环境保护提供了新的机遇，四川作为长江黄河上游重要的水源涵养区和生态建设核心区，其生态环境保护成为诸多国家战略的重要交汇领域，包括碳达峰碳中和、长江经济带发展、黄河流域生态保护和高质量发展、新一轮西部大开发、成渝地区双城经济圈建设等。这些战略将促进四川省在生态环境保护工作上取得更大的突破，同时为经济社会的绿色可持续发展提供强有力的支撑。

一是生态环境质量明显提升。主要污染物排放总量持续减少，环境质量逐步改善，生态本底稳步向好，全省 203 个国考断面水质优良比例达 99.5%，创“十三五”以来最好水平；$PM_{2.5}$浓度降至 31.0 微克每立方米，同比下降 2.5%，重污染天数从 2015 年的 143 天减少为 2022 年的 7 天，2022 年是重污染天数最少、$PM_{2.5}$浓度最低的一年。同时，四川紧盯突出生态环境问题整改，224 项中央生态环保督察整改任务完成 194 项，国家移交的 71 个长江问题整改 63 个、1 个黄河问题完成整改。在中央组织的污染防治攻坚战成效考核中，四川连续三年获评优秀等次。预计到 2025 年，地级及以上城市空气质量优良天数率将达到 92%，重污染天气基本消除，国考断面水质以Ⅱ类为主，森林覆盖率达到 41%。

二是绿色低碳经济持续壮大。绿色低碳优势产业规模能级持续提升，清洁能源电力装机容量达到 1.3 亿千瓦，天然气（页岩气）年产量达到 630 亿立方米，清洁能源消费比重达 60%左右，为实现碳达峰碳中和奠定坚实基础。推动四川天府新区成功入选国家气候投融资试点，切实加强绿色低碳发展的金融支持。启动 17 个近零碳排放园区试点，“低碳产业化、产业低碳化”进入实践探索阶段。积极参与碳市场交易，全省累计成交国家核证自愿减排量（CCER）突破 3600 万吨，成交额突破 11 亿元。指导地方践行“绿水青山就是金山银山”理念，转型发展方式，2022 年，四川省有 12 个市、县（区）获得国家生态文明建设示范区、“两山”实践创新基地命名，数量居全国第一。四川碳达峰碳中和工作有力有序推进，碳排放强度明显下降，成为全国人均碳排放量最少的省份之一。同时，绿色能源利用更加高效，白鹤滩水电站全面投产，2022年四川省水电装机容量超过9707万千瓦，居全国第一位，天然气产量561.2亿立方米，接近全国天然气产量的1/3。

三是城乡环境更加宜居。基本完成2000年年底前建成的城镇老旧小区的改造任务，培育100个省级百强中心镇，城市生活污水集中收集率原则上达到70%以上或比2020年提高5个百分点，农村生活垃圾处置体系覆盖97%以上的行政村。多彩人文之韵充分彰显。新增一批历史文化街区、国家文化产业和旅游产业融合发展示范区、国家文化产业示范园区（基地），新增国家全域旅游示范区50个。

四川将实施8大重大工程——美丽城乡建设重大工程、推进碳达峰重大工程、产业绿色转型重大工程、蓝天碧水重大工程、净土安居重大工程、自然生态重大工程、文化繁荣重大工程、生态环境现代化治理能力提升重大工程。以美丽城乡建设重大工程为例，四川将以成都平原经济区的乐山峨眉山市、成都都江堰市、眉山洪雅县，川南经济区的宜宾长宁县、江安县，川东北经济区的南充阆中市、广安华蓥市，攀西经济区的攀枝花米易县、凉山州西昌市，川西北生态示范区的阿坝州九寨沟县、甘孜州康定市等为重点，打造美丽宜居县城。

二、美丽四川建设加快推进

建设美丽四川已成为全省人民的共同愿景。多年来的持续努力使得美丽四川建设在基础设施上取得了显著成效，并且建设高品质的生活宜居地为美丽四川建设注入了新的动力。随着美丽四川建设的深入推进，党委、政府、企业和公众广泛参与的生态环境保护社会共治格局将加快形成。这不仅为解决当前的环境问题创造了有利条件，而且为更有效地开展生态环境保护工作奠定了广泛的社会基础。

要紧扣“减污”出更多实招，深入打好污染防治攻坚战。持续打好蓝天保卫战，统筹抓好重点区域污染防控，坚决遏制空气质量下滑势头。持续打好碧水保卫战，强化水资源刚性约束，确保一江清水永续东流。持续打好净土保卫战，严格土壤污染风险源管控。从严从实抓好生态环境保护督察及发现问题整改，形成制度化长效化的治理机制。要围绕“扩绿”添更多举措，不断提升生态系统多样性、稳定性、持续性。坚持山水林田湖草沙一体化保护和系统治理，实施一批生态保护和修复重大工程，加强生物多样性保护，坚决维护生态环境安全，不断拓展绿色空间，进一步扩大环境容量、增强生态韧性。

要着眼“降碳”想更多办法，积极稳妥推进碳达峰碳中和。有计划分步骤实施“碳达峰十大行动”，加快国家清洁能源示范省建设，在确保能源安全保供的基础上深入推进清洁能源替代，建立健全碳排放统计核算体系，加大节能降碳先进技术研发和推广应用力度，建立完善生态补偿机制和生态产品价值实现机制，以改革创新助力“双碳”目标稳步实现。要聚焦“增长”求更多突破，加快推进发展方式全面绿色转型。把美丽四川建设纳入四化同步、城乡融合、五区共兴战略部署进行整体谋划，示范建设一批美丽示范市县，大力发展绿色低碳产业，积极倡导绿色低碳生活方式。推进美丽四川建设是一项系统工程，各有关方面要密切协作、相互支持，共同为绘就天更蓝、山更绿、水更清的美丽四川画卷贡献更大力量。

以山为基守护美丽空间。四川将全面保护以高山草甸、雪山冰川为主的高寒生态系统，加快推进若尔盖草原湿地生态功能区、长沙贡玛国际重要湿地建设，打造雪山冰川国家地质公园；以安宁河谷、小相岭、锦屏山等为重点，推进大小凉山水土保持和生物多样性重点生态功能区建设；以成都平原、川中丘陵等为重点，开展森林城市建设，打造望山依水的现代田园风光。

以水为脉打造多彩河湖。四川将以筑牢长江黄河上游生态屏障为核心，打造江河岸线防护林体系和沿江绿色生态廊道，建设黄河最美高原湿地风光带，统筹黄河源非物质文化遗产保护和生态修复，高质量建设黄河国家文化公园（四川段），全力构建“九廊四带”美丽江河格局；以九寨沟长海、伍须海、泸沽湖等为重点，统筹推进山水林田湖草沙冰系统治理，构建由高原天然湖泊区和平原丘陵地区湖库区组成的“两片多点”美丽湖库格局。

以人为本塑造舒适生活宜居地。四川将以成都都市圈建设为核心打造高品质生活宜居地，建设川南、川东北两翼绿色生态城市组群，塑造成德绵广眉乐雅西攀都市魅力城镇带、成遂南达丘区田园特色城镇带和攀乐宜泸沿江风光城镇带。同时，分类打造川西林盘、彝家新寨、巴山新居、乌蒙新村等美丽乡村。

围绕美丽四川建设的总体目标，预计将15年建设期划为3个阶段，围绕经济、生态、环境、城乡、文化等重点领域，立足当前、着眼长远，以5年一个阶段梯次推进美丽四川建设。具体来说，到2025年，美丽四川建设取得初步成效。长江黄河上游生态屏障进一步筑牢，生态环境质量明显提升，绿色低碳经济持续壮大，城乡环境更加宜居，多彩人文之韵充分彰显。

到2030年，美丽四川建设取得明显成效。长江黄河上游生态屏障进一步巩固，经济社会全面绿色转型取得显著成效，生态环境全面好转，空间布局更加合理，生态系统功能显著提升，建成一批美丽乡镇、美丽村庄，美丽市县建设取得显著成效。

到2035年，基本建成美丽四川。长江黄河上游生态屏障更加牢固，现代产业体系全面建成，自然生态生机勃发、碧水蓝天美景常在、城乡形态优美多姿、文化艺术竞相绽放的美丽画卷全面呈现。

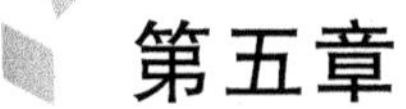

第五章

四川省在筑牢长江黄河上游生态屏障上的总体布局

四川省深入贯彻落实习近平生态文明思想，全面打好蓝天、碧水、净土保卫战，全省空气优良天数明显增加，国考断面水质达标率大幅提升，土壤污染风险得到切实管控。河湖长制、林长制全面落实，大熊猫国家公园正式设立，自然保护地体系初步建立，国土空间生态保护修复深入推进，巴山蜀水颜值、生态产品价值、人居环境品质得到提升。四川省按照国家关于划定并严守生态保护红线的统一部署，进一步树牢上游意识、强化上游担当，统筹划定生态保护红线，细化管控规则，严格监督管理，实现一条红线管控重要生态空间，夯实长江黄河上游重要生态屏障的空间基础。

第一节　系统推进“三水”共治，巩固提升水环境质量

四川省实施了一项全面提升水环境的策略，旨在通过减少污染排放和扩大生态空间来增强水环境的质量。

一、加强水资源保护利用

首先，实施水资源刚性约束制度，以水资源为依据制定城市规划、

土地使用、人口布局和产业发展政策，严格执行水资源论证和取水许可制度，暂停审批超出控制指标的新增取水申请。全面实施国家节水行动方案和四川省节水行动实施方案，促使用水方式从粗放型向节约型转变，实行水资源消耗总量和强度双控措施，加强农业节水、工业节水和城镇节水，扩大非常规水源利用，增强节水灌区、企业、公共机构、学校和居民小区的建设，完善节水激励机制，强化节水全过程监督，严格控制高耗水项目的建设。

其次，推动水资源的优化配置和调度，加快重点水资源调度工程，完善“五横六纵”骨架水网，增强跨区域和跨流域的水资源调配能力，制订长江上游重要江河流域水资源调度方案和岷江、沱江等江河流域的年度水量分配方案及调度计划，加强水资源统一调度管理，强化流域水库和水电站的联合调度，确保河流的基本生态流量，加强小水电的清理整顿，原则上在长江经济带不再新建小水电，对不符合生态保护要求的小水电进行分类整改或逐步退出。

最后，加大非常规水源的利用，积极建设再生水调储设施，采取多种措施如水库调蓄、河湖拦蓄、坑塘水窖存蓄和以河代库等方式来增强再生水的调配能力。推动工业废水的资源化利用，优化用水系统，实现串联用水、分质用水、一水多用和梯级利用，统筹在重点缺水城市开展非常规水回用与内涝治理，将再生水、雨水集蓄利用等纳入水资源统一配置，并适度超前规划布局再生水输配设施，实现在更广的空间和领域上的综合利用。成都、资阳、自贡等城市应将市政再生水作为地区园区工业生产用水的重要来源。

二、强化水环境污染治理

（一）强化工业污水综合整治

实施工业企业污水处理设施的升级改造，专注于电子信息、造纸、印染、化工、酿造等行业的废水治理。确保工业废水的全面达标排放。对含有重金属、高盐分和高浓度难降解物质的废水进行强化的分质和分类预处理。提高企业与末端处理设施之间的联动监控能力，保障末端污水处理设施的安全稳定运行。促进电镀行业的集中发展，并实施一系列电镀废水“零排放”试点项目。加速建设节水及水循环利用设施，促进企业间的串联用水、分质用水、一水多用和循环利用。鼓励岷江、沱江及长江干流流域的省级及以上园区积极开展节水标杆园区的创建。

（二）提升城镇污水治理水平

推动城镇“污水零排区”的建设，以岷江、沱江、川渝跨界河流等流域内的城镇和污水处理率较低的城镇为重点，统筹城镇发展规划，遵循因地制宜和适度超前的原则，加速推进污水处理设施和管网的建设。在地级及以上城市基本消除生活污水直排。重点关注城中村、老旧城区、城乡接合部、建制镇等地区的污水管网覆盖情况排查及建设。统筹开展老旧破损管网的改造修复。因地制宜开展合流制排水系统的雨污分流改造。持续推进县级及以上城市和建制镇的污水处理提标增效工程。因地制宜建设城镇污水处理设施尾水生态湿地，进一步净化排水水质。

（三）加强农业污染防治

编制四川省农业面源污染治理与监督指导实施方案，识别农业面源优先治理区域。统筹推进农业面源污染治理工程，在四川盆地、安宁河谷、黄河流域等地区开展一系列农业面源污染治理示范试点工程。在种植业面源污染突出区域加强农田尾水生态化循环利用、农田氮磷生态拦截沟渠的建设。大力开展农村水环境的综合整治。推进长江及其重要支流和黄河流域河道“四乱”问题的常态化、规范化治理，并不断向中小河流、农村河湖扩展，退还河湖水域的生态空间。加强养殖污染的综合防治，推进畜禽养殖粪污资源的综合利用，开展畜牧业绿色示范区的创建。积极推广新型稻渔综合种养、大水面生态养殖，在水产养殖主产区推进养殖尾水综合治理。

（四）加大农村生活污水治理力度

编制实施农村生活污水治理专项规划，统筹农村生活污水治理工作。以乡政府驻地、饮用水水源保护区、黑臭水体集中区域为重点，梯次推进农村生活污水治理。因地制宜推动农村厕所革命与生活污水治理的有效衔接。推进污水管网建设向农村地区延伸。实现日处理20吨及以上农村生活污水处理设施出水水质监测全覆盖。统筹实施农村黑臭水体及水系综合整治，有序推进农村黑臭水体治理。

（五）强化入河排污口排查整治

落实“查、测、溯、治”要求，全面了解全省入河排污口的基本情况，掌握入河排污口的水量、污染物种类和水质，明确入河排污口责任主体。按照“三个一批”原则分类有序推进入河排污口整治，实行入河排污口整治销号制度。严格落实“一口一策”整治要求，明确整治目标和时限要求，统一规范排污口设置，有效管控入河污染物排放。推动落实地方政府属地管理责任和行业主管部门的监管职责。

（六）推进美丽河湖保护与建设

首先，重点在加强湖库生态环境的治理工作。这包括对开发建设活动进行严格控制，保护和恢复湖泊的自然生态环境，并维护湖库及重要水源地的生态安全。对于已达到或优于Ⅲ类水质的湖泊和水库，坚持保护优先、自然恢复为主的原则，建设环湖库的防护林带和生态隔离带，弥补基础设施方面的短板，并进一步提升水土保持与水源涵养的能力。对于不达标的湖库，则开展富营养化水体的综合整治工作，实施河湖滨岸生态拦截、内源治理、人工湿地水质净化等工程，构建结构合理、功能稳定的沿湖生态系统。

其次，加强重点河流生态环境的治理。重点加强对岷江、沱江及川渝跨界流域等重要河流的生态环境治理。这包括提升沿线城镇的污水收集与处理能力，加快实施一系列成熟度高、效益明显的人工湿地、河流缓冲带等项目，强化金沙江、雅砻江、安宁河等流域的水土保持治理力度，并实施岸线生态修复，着力增加植被覆盖度。对于涉及国家级、省级水生生物保护区、水产种质资源保护区的长江干流、赤水河、渠江、周公河等流域，开展流域生态修复，改善珍稀特有鱼类的栖息环境。此外，还应构建黄河、雅砻江高寒草原沼泽的生态保护管理体系，并实施湿地修复综合治理工程。对于城市景观水体，应结合公园城市、绿道等建设，沿河建立生态走廊，实施生态河滨带、岸线整治、入河湿地等工程，构建城市水环境良性生态循环系统。

最后，强化美丽河湖示范引领工作，着力强化河湖长制。具体分解美丽河湖保护与建设的任务要求，制定四川省美丽河湖评价标准。加强涉水空间的管控，持续推动美丽河湖的建设及试点工作，深入挖掘美丽河湖的文化底蕴，综合植入地方特色文化要素，将河湖生态保护工程与水文化紧密结合，把美丽河湖建设成为传承地方民俗风情和彰显地方历史文化的新形式、新载体。

三、开展水生态保护修复

（一）综合推进河湖生态保护与修复工作

首先，须实施水岸协同的策略，以加强河湖生态系统的保护与修复，包括对河湖生态缓冲区进行严格的管理，加强岸线的使用管制和高效利用，以及恢复河湖岸线的生态功能。其次，进一步深化河湖岸线的美化工程，特别关注流域上游地区及泸沽湖等关键区域。再次，强化水源涵养区的保护措施，开展涵养林的建设工作，提升水源的涵养能力。最后，有序推进团结水库、永宁水库、涪江右岸引水、攀枝花水资源配置、土公庙水库等大中型水利项目的前期论证，并在条件成熟时启动施工，逐步改善长江流域河湖的连通性，确保河湖的生态流量，维护水系的生态功能。

（二）水生生物保护与水生态系统质量提升

要严格执行长江“十年禁渔”的规定，提升水生态系统的质量。针对不同的重点流域，开展天然生境恢复、生境替代保护、水生植物资源保护以及“三场”（指特定的生态区域）的保护与修复项目。这些措施旨在改善和修复水生生物的生境，包括恢复水生生物的洄游通道和微生境。加强对珍稀鱼类的国家级和省级自然保护区的建设，修复珍稀、濒危、特有水生生物的栖息地。重点加强长江干流及其支流的河漫滩等生物多样性的保护与恢复工作。实施长江上游圆口铜鱼、厚颌鲂、岩原鲤、齐口裂腹鱼等珍稀特有鱼类的增殖放流任务，统筹推进重点流域的水生态调查，并在长江流域的岷江、沱江、嘉陵江、雅砻江及黄河流域的黑河、白河等主要河流进行水生生物完整性的评估。

（三）加强饮用水水源地保护

首先，加强县级及以上饮用水水源地保护与提升工作。需巩固并提升县级及以上饮用水水源地的保护水平。包括全面优化饮用水水源地的布局和供水模式，科学合理地规划保护区的范围。持续推动水源地的标准化建设，加强饮用水水源地的保护措施。对于水质不符合标准或存在环境问题的饮用水水源地，开展综合整治。建立跨行政区域的水源地保护联防联控机制，协同进行如红旗水库、老鹰水库等跨界水源地的保护。提升饮用水水源地水质监测和预警能力，开展集中式饮用水水源的监测与环境状况的调查评估。

其次，加速农村集中式饮用水水源地保护的推进工作。要加快推进农村集中式饮用水水源地的保护工作。完成乡镇及以下级别的集中式饮用水水源保护区的划定，持续推进这些水源地的标准化整治工作。完成水源地的标志标牌、隔离防护等基础设施的建设，全面清理并整改乡镇及以下饮用水水源的环境问题。深化面源污染的防治工作，对不符合标准的水源地进行整治。逐步建立和完善农村饮用水安全保障体系，特别是提高乡镇及“千吨万人”级别集中式饮用水水源地的风险防范能力。加强农村饮用水水源环境的监管，规范监测与监控活动，完善乡镇及以下集中式饮用水水源的名录和档案管理。

第二节　扎实推进净土减废行动，保持土壤环境总体稳定

推进土壤污染源头防控；强化土壤污染风险管控；持续推进重金属污染防治；强化固体废物分类处置，提升固体废物综合利用水平，确保老百姓“吃得放心、住得安心”。

一、推进土壤污染源头防控

强调在规划环评中实施刚性约束的重要性，以及对空间进行严格的管理控制，以合理规划土地使用。特别强调需对可能影响土壤污染的建设项目进行严格的布局论证，同时鼓励重点工业企业在土壤污染方面集聚发展。探索土壤环境承载能力的分析方法，并禁止在居民区、学校、医院、疗养院、养老院等敏感区域周边新建可能导致土壤污染的建设项目。同样，对于永久基本农田集中区域，亦禁止新建可能引

起土壤污染的项目，以防范新增土壤污染的风险。还应建立严格的重点行业企业准入制度，规范新建项目的土壤环境调查流程。加强涉及有毒有害物质的土壤污染防治，并持续推进耕地周边涉及镉等重金属行业企业的排查和整治。要有效管理土壤污染，动态更新污染源排查整治清单，并强化农田灌溉水的监管，特别是在都江堰等大中型灌区开展农田灌溉用水水质监测，确保其达到水质标准。进一步推进耕地土壤污染成因分析，明确主要污染来源，实施污染源整治，阻断污染途径。加强重点污染源的监管，深化重点行业企业用地详查成果的应用。动态更新并完善土壤污染重点监管单位名录，落实这些单位的主体责任，并将其土壤污染防治义务纳入排污许可管理。鼓励实施防渗漏改造，如管道化、密闭化等。此外，还要加强矿山开采污染的监管，严格控制矿产开发过程中的环境污染。

二、强化土壤污染风险管控

为加强土壤污染源头的调查与评估，特别是在重金属高背景区，如攀西、川南和川东北等区域，将进行详细补充调查。这一措施旨在全面了解全省农用地土壤环境质量状况。同时，将开展对受污染耕地的密集调查，并实施农用地土壤环境质量与农产品的协同调查，以便动态更新风险管控范围。将对开发区、油库、加油站、废弃矿山及尾矿库、集中式饮用水水源地、垃圾填埋场和焚烧厂等敏感区域进行土壤环境质量调查，目的是明确土壤环境风险。此外，针对 73 行业以外的典型企业用地进行调查评估，尤其要对超标在产企业进行详细调查和风险评估。针对农用地土壤污染风险管控，将深入实施农用地分类管理，动态调整土壤环境质量分类，加强粮食收储和流通环节的监管，防止重金属超标的粮食流入市场。坚持实施严格的耕地保护制度，加强对优先保护类耕地的保护，确保其面积稳定且土壤环境质量不下降。

同时，强化严格管控类耕地的监管，依法划定特定农产品的禁止生产区，严禁种植食用农产品。将持续推进受污染农用地的安全利用，严格执行受污染耕地的安全利用方案，推广品种替代、水肥调控、土壤调理等技术。探索建立耕地安全利用技术库和农产品种植负面清单，加强安全利用试点示范县的建设。

此外，将开展受污染耕地治理修复和酸化土壤治理试点，分期分批推进土壤生态环境长期观测研究基地的建设。推动建设用地风险管控，持续更新疑似污染地块、污染地块、建设用地土壤污染风险管控和修复名录。推动土壤污染风险管控地方标准的制定，严格管理污染地块的准入，依法开展建设用地土壤污染状况调查和风险评估。禁止未达到土壤污染风险管控和修复目标的地块开工建设任何与风险管控和修复无关的项目，合理规划地块用途和开发使用时序。在国土空间等相关规划提交审议前，应完成相关地块土壤污染状况调查和风险评估。探索边生产边管控的土壤污染风险管控模式，推广绿色修复理念，强化修复过程中二次污染的防控。健全土壤修复地块的后期管理和评估机制，加强未利用地的环境监管，严守生态安全底线。对于划入生态保护红线的未利用地，将严格按照法律法规和相关规划实施强制性保护，依法严查向滩涂、湿地、沼泽地等非法排污、倾倒有毒有害物质的行为。加强对矿山等矿产资源开采活动影响区域内未利用地的环境监管。对拟开垦为耕地或建设用地的未利用地，应进行土壤污染状况调查，确保其符合用地功能要求后再开发利用。将开展长江黄河上游土壤污染风险管控区的建设，基于“联、控、治、建”的建设思路，整合科研技术力量，强调源头控制，完善风险管控和治理体系，建立可推广、可复制的四川土壤风险管控模式。推进工矿企业土壤环境管理及响应系统建设，加强土壤环境风险分区管理，开展龙泉驿、西昌等15个土壤风险分区管控试点区的建设，加强土壤污染防治科技研发，突出信息化建设，探索土壤环境背景值、土壤环境容量和土壤生态效应等基础研究，推进土壤污染治理修复成套设备和适用技术的研发。

三、持续推进重金属污染防治

要着重于严格管理涉及重金属的企业和园区的环境准入。对于新建的涉及重金属的重点行业建设项目，推行等量或减量替代政策。同时，持续优化产业结构并调整布局，加速环境敏感区和城市建成区涉重金属企业的搬迁和关闭。推动铅酸电池、电镀、有色金属冶炼等行业园区建设，引导相关企业入园，并加强园区环保基础设施的建设。实施针对涉铊企业的排查整治行动，提升重金属污染防控水平。强化对成都新都、德阳什邡、凉山西昌等区域的综合治理力度，并加强雅安汉源、石棉、凉山会东、会理、甘洛等地的重金属排放控制。加大对历史遗留重金属污染的治理力度，推进安宁河流域的重金属环境综合整治。加强重点行业的重金属污染治理，强化清洁生产水平和污染物排放强度等指标约束，采取优化布局、结构调整、升级改造和深度治理等手段，推动实施一系列重金属减排工程，持续减少重金属污染物排放。加大有色金属冶炼、无机酸制造等行业生产工艺提升改造力度，加快锌冶炼企业竖罐炼锌设备的替代改造，积极推进铜冶炼企业转炉吹炼工艺提升改造，实施铅、锌、铜冶炼行业企业的提标改造。耕地周边企业需严格执行颗粒物等重点大气污染物的特别排放限值，加强有色金属、钢铁、硫酸、磷肥等行业企业废水总铊的治理。

四、强化固体废弃物分类处置，提升固体废物综合利用水平

要着重于深入推进固体废物申报登记制度，落实工业企业污染防

治的主体责任，建立并动态更新固体废物重点监管点位清单。对主要固体废物储存场所进行排查，建立“一库一档”制度，探索固体废物“二维码”数字信息登记管理制度。开展危险废物申报登记试点，摸清危险废物产生、转移、储存、利用和处置情况，推动建立危险废物“三个清单”，持续推进危险废物规范化环境管理评估工作。加强源头减量，推进工业减废行动，延伸重点行业产业链，鼓励固体废物产生量大的企业开展清洁生产以减少固体废物产生量。促进建筑垃圾源头减量，大力发展装配式混凝土结构和钢结构建筑，提高建筑废弃物的就地消化能力。严格生活垃圾分类管控，推进生活垃圾中有害垃圾的收集与处置，加强餐厨垃圾的资源化利用。全面排查矿区无序堆存的历史遗留废物，制定整治方案，逐步消除存量，推动“无废城市”建设试点。

提升工业固体废物综合利用技术，提高资源利用效率，在自贡、宜宾等地开展页岩气废油基岩屑、压裂返排液资源化利用试点。加强废旧动力电池、钒钛磁铁矿冶炼废渣、磷石膏、电解锰渣等复杂难利用工业固体废物的规模化利用技术研发，鼓励大中型企业、各类开发区自行配套建设综合利用项目进行消纳。推进危险废物综合利用设施建设，加快废铅蓄电池、含铅废物、含汞废物等综合利用设施建设，逐步形成市场调控、类别齐全、区域协调、资源共享的综合利用格局。保障处置能力建设，持续推进工业固体废物、生活垃圾、建筑垃圾、农业废弃物等固体废物处置设施建设。将危险废物集中处置、医疗废物处置设施纳入公共基础设施统筹建设。推进自贡、广安等市水泥窑协同处置项目建设，规范中小微企业和社会源危险废物收集、储存设施建设。

第三节　加强自然生态保护修复，提升生态系统质量和稳定性

坚持山水林田湖草沙冰一体化保护和系统治理。筑牢生态安全格局，加强重点生态空间保护监管，加大生物多样性保护力度，保持自然生态系统的原真性和完整性，守住自然生态安全边界。

一、构建生态安全格局

要加强重点生态功能区的管理与保护，尤其是川滇森林及生物多样性功能区、若尔盖草原湿地生态功能区、大小凉山水土保持生态功能区、秦巴生物多样性生态功能区四个国家重点生态功能区。着重于保护重要野生动植物资源，并提升若尔盖、石渠等黄河上游区域的水源涵养能力。与此同时，对接国家重点生态功能区生态系统服务功能评估，建立健全省级评估制度，优化重点生态功能区转移支付资金的使用管理。此外，本节还强调支持生态产品的保值增值，推动重点生态功能区提升优质生态产品的供给和转化能力。对川西北生态示范区建设水平进行评价考核，加强自然保护地的保护，推进以国家公园为主体的自然保护地体系建设。编制自然保护地规划，进一步整合优化自然保护地，全面建设大熊猫国家公园，并推进若尔盖国家公园的创建。要加强自然保护区的保护管理工作，推进自然公园的保护和建设，建立健全自然保护地监管制度，实行差别化管控，并加大对自然保护地生态环境违法违规行为的排查整治力度。持续开展“绿盾”自然保护地强化监督工作，对自然保护区的保护成效进行评估，严格管控自然保护地范围内的人为活动，推进核心保护区内居民、耕地的有序退

出。要强化生态保护红线监管，开展生态保护红线勘界定标工作，充分考虑地理实体边界、自然保护地边界等因素，确保生态保护红线精准落地。因地制宜制定生态保护红线地方性法规，完善生态保护红线监管制度，加强四川省生态保护红线监管信息化建设，及时掌握全省、重点区域、县域生态保护红线的面积、性质、功能和管理情况及其动态变化趋势，强化对生态红线范围内人为活动的日常监管，并开展生态保护修复成效和生态功能变化成效评估。

二、加强重要生态系统保护与修复

保护森林生态系统，全面推行林长制，加强森林资源保护，并深入开展国土绿化行动以提升森林生态系统功能。特别强调加强长江黄河上游的绿化工作，并继续实施天然林保护修复、退耕还林、公益林保护等重点生态工程。要实施精准提升森林质量的策略，推进森林抚育、退化林修复，培育复层异龄混交林，并完善天然林保护修复制度。落实天然林管护制度，加强管护基础设施建设，加强松材线虫病等森林重大有害生物的防控，并完善森林防火体系。还要着重保护草原生态系统，以遏制草原退化、实现草畜平衡、提升草地生态功能为重点，开展草原生态保护建设，严格保护长江、黄河天然草原，尤以甘孜、阿坝为重点区域。对严重退化、沙化草原实行禁牧封育，持续推进高原牧区减畜计划和退化草原生态保护修复，加强草原鼠虫害防治，严格落实草畜平衡制度，开展沙化草原和黑土滩型退化草原的专项治理。实行基本草原保护制度，划定和保护基本草原，并健全草原生态保护奖补机制。此外，还应加强保护湿地生态系统，实施湿地面积总量管控，科学确定湿地管控目标，确保湿地总量稳定，并逐步提高湿地保护率。以遏制重要自然湿地萎缩与退化、扩大湿地面积、提升湿地生态服务功能为重点，开展湿地保护与修复，实施若尔盖、长沙贡玛等湿地保护工程，建设西昌邛海、遂宁观音湖、眉山东坡湖、泸州长江湿地公园等一批试点工程。开展退耕还湿、退养还滩和人工湿地建设，稳定和扩大湿地面积。加强退化生态系统修复，深入推进岩溶地区石漠化治理工程，有效提升林草植被覆盖度，减轻水土流失，遏制石漠化蔓延。持续推进川西北沙化土地治理，逐步恢复沙化土地植被，加强水土流失治理，开展金沙江、雅砻江、安宁河、大渡河、岷江、白龙江等干旱河谷地区和金沙江下游水土流失退化区植被恢复试点工程。

三、强化生物多样性保护

要强调生物多样性保护的重要性，并提倡开展全面的生物多样性调查与评估。特别是在横断山南段、岷山-横断山北段、羌塘三江源、大巴山、武陵山五大生物多样性保护优先区域，进行重点生物物种的专项调查和评估。此外，对黄河流域、赤水河、岷江、嘉陵江、雅砻江锦屏大拐弯段等重点流域的水生生物进行调查、观测和评估。建立长江（四川段）水生生物多样性的调查、评价和监测预警指标体系，并健全长江水生生物完整性评价指数体系。对长江流域重点河流水生态系统完整性进行调查与评价。此外，持续开展川藏铁路沿线的生物多样性中长期跟踪调查评估，并完善四川省生物多样性数据库，推进生物多样性保护信息化建设，制订区域生物多样性保护行动计划及规划。

开展濒危野生动植物的适应性保护，科学构建促进物种迁徙和基因交流的生态廊道，合理布局建设物种保护空间体系。重点加强珍稀濒危动植物、旗舰物种和指示物种的保护管理。加强珍稀濒危野生动植物栖息地、原生境保护区（点）的保护与修复。开展珍稀濒危物种的迁地保护，优先实施重点保护野生动植物和极小种群野生植物保护工程。推进长江上游珍稀特有鱼类自然保护地达标建设，优化野生动物救护网络，并建设一批野生动物救护繁育中心。建设兰科植物等珍稀濒危植物人工繁育中心，强化野生动植物及其制品利用监管。严格执行陆生野生动物禁食决定，加强外来入侵物种的防治。建立外来物种入侵风险指数评估体系，布局外来入侵物种监测站点。开展外来物种风险调查和评估，建立防控体系，制定外来入侵物种灾害防控应急预案。建立重大生物灾害或疫情检疫执法联动机制，并在成都都市圈、攀西地区、黄河流域等重点区域开展外来入侵物种防治，维护区域生物安全。

四、加强生态保护监管

要持续开展生态保护的调查评估，建立生态保护评估制度，并分类制定指标体系和技术方法。全面开展四川省的生态质量及状况评估，并定期发布四川省生态质量报告，以全面掌握全省生态状况的变化及趋势。以四川黄河流域、岷江流域上游为重点，开展区域、流域生态评估，同时，以长江干流及其主要支流、邛海、泸沽湖等重点湖库为对象，开展遥感监测评估。针对生态保护红线划定区域、自然保护地、页岩气开发、大型水电开发、川藏铁路等线性工程区，开展生态系统保护成效评估。常态化开展县域重点生态功能区的年度评估，加快完善生态保护监测网络，在现有生态环境监测网络的基础上，统筹优化生态监测站点的布设。推动一批重点区域、重点流域环境监测站点改造为生态环境综合监测站点，逐步开展水生态、土壤生态监测及相关生态脆弱区地下水位监测。加快建设野外生态观测与科研站点，加强对珍稀濒危野生动物、野生植物、水生生物和极小种群物种的观测，夯实生态保护科研观测基础。推动部门间监测站点资源及数据共享，加强生态保护监管执法。强化对自然资源开发利用活动的监管，加强湿地生态环境保护、荒漠化防治、河湖岸线保护修复等工作，采用大数据分析、无人机监管等应用技术全程监督开发活动。强化生态保护监管执法与其他相关执法工作的协同联动，结合川藏铁路建设、安宁河谷综合开发等重大工程项目建设，研究制定相关生态修复标准，推动提升修复成效。

第四节　大力推动生态价值转化，建设高品质生活宜居地

深入践行“绿水青山就是金山银山”理念，加强生态文化体系建设，健全生态价值实现机制，拓宽生态价值实现路径，把生态优势转化为经济发展优势，建设高品质生活宜居地。

一、加强生态文化体系建设

要积极推广生态文化，加强生态文化基础理论的研究，并深入挖掘传统文化中的生态智慧，以丰富新时代生态文化体系的内涵和外延。建议构建四川省生态文化传播平台，促进与生态文化相关的文学、影视、词曲等作品的创作，以贯彻和实践习近平生态文明思想为主题，鼓励艺术创作和演出，引导艺术工作者深入基层，构建反映生态环境保护实际、承载生态价值理念的四川特色生态文化。支持各级生态环境部门与宣传部门联合开展“生态环境宣传周”等活动。推进生态文化工程，打造“最美巴山蜀水”，深入挖掘古蜀文化、巴文化、三国蜀汉文化中的生态元素，打响“世界熊猫家园”品牌，开发建设具有四川特色的生态文创产品、公共场所和设施。谋划四川生态文明展示体验馆建设，打造长江黄河生态文化体验带，支持成都建设生态文明主题公园，推进国家级羌族文化生态保护区、河曲马黄河草原文化生态

保护区等的建设。积极推进自然教育基地和生态体验基地的建设，加强生态文明宣传教育，深化部门协作配合，营造党委政府主导、部门协调推动、社会各界参与的生态文明建设宣教工作氛围。拓宽生态文明社会化宣传教育渠道，依托报刊、广播、电视等传统媒体和微博、微信及新闻客户端等互联网新媒体，不断创新生态文明宣传教育形式。加强生态环保宣传教育，编制具有四川特色的生态文明教育教材，实现生态文明教育地方教材体系大中小幼全覆盖。加强宣传引导，选树、运用生态保护和生态文明建设的典型人物、典型事迹、典型案例，扩大影响力。加大美丽四川建设的国际宣传，面向世界讲好四川生态文明故事。鼓励建设各具特色、形式多样的生态文明教育场馆。

二、提升生态产品价值转化能力

着重建立生态产品调查评价机制，推进自然资源确权登记，并开展生态产品价值实现的基础信息调查。建立生态产品目录及价值实现模式清单，探索建立四川省生态产品价值评价和核算体系，强化结果应用。健全生态产品保护补偿机制，创新纵向生态补偿方式，丰富横向生态补偿模式，扩大流域横向生态补偿实施范围。实施生态环境损害赔偿制度，推进生态综合补偿试点示范。探索有利于生态产品价值实现的财政制度和绿色金融政策，推动发行生态环境保护项目专项债券，探索构建四川省生态积分体系。建立生态环境保护利益导向机制。鼓励在具备条件的地区开展生态产品价值实现基地试点。以生态环境高水平保护助推经济高质量发展，依托优良的自然本底、丰富的农林资源及川西林盘、公园绿道，以加快绿道体系“结网成链”和公园体系“筑景成势”为重点，提高城市生态环境水平及生态服务功能，带动区域价值提升。加快生态环境治理项目与资源、产业开发的有效融合，推进生态环境导向的开发模式（EOD），探索建立生态产品价值实现新路径，探索开展生态产品交易，鼓励打造具有地方特色的生态产品区域公用品牌，建立生态产品质量认证、追溯体系，促进生态产品价值增值。大力推进生态文明示范创建，持续推进国家生态文明建设示范市县、“绿水青山就是金山银山”实践创新基地等创建，积极开展省级生态文明建设示范市县建设。以点带面推进美丽四川建设，建立四川省生态示范建设全过程管理体系，构建“两山”转化和美丽四川建设评价技术体系，开展示范创建成效评估，完善资金支持等激励机制。

三、推进城乡绿色融合发展

要推进绿色城镇建设，支持逐步疏解大城市中心城区功能，缓解中心城区环境压力，提高中心城市综合承载能力。推进县城绿色低碳发展，根据资源环境承载能力合理确定城市发展规模，推动城市建设向资源集约与高效利用方向转变。为有效引导城市空间布局和产业经济的空间分布，应加强对城市现有山体、水系等自然生态要素的保护。建设大尺度生态廊道和网络化绿道脉络，推动城市公园、绿道、湿地等基础设施建设，打造绿地蓝网交织、空间尺度宜人、人城境业和谐的新型生态宜居宜业城市形态。支持成都成为践行新发展理念的公园城市示范区，并探索建立开放性公园城市评价指标体系。加强生态园林城市、森林城市系列创建，支持成都、达州争创国家生态园林城市。

同时，推进美丽乡村建设，进一步发挥生态环境保护在乡村振兴中的支撑作用。持续推进“美丽四川·宜居乡村”建设，统筹城乡发展，优化乡村生产生活生态空间。优化产业、基础设施、公共服务、资源能源、生态环境保护等空间布局，加强村庄风貌引导提升，突出乡土特色和地域特点，形成田园乡村与现代城镇各具特色、交相辉映的城乡发展形态。加强乡村山体田园、河湖湿地、原生植被、古树名木等的保护，充分利用荒地、废弃地、边角地等开展村庄小微公园和公共绿地建设。

提升城市声环境质量，实施噪声污染防治行动计划，推动制定四川省噪声污染防治条例。加强政府监督管理责任，落实噪声排放单位污染防治的主体责任。加强社会生活、建筑施工、交通运输、工业生产等领域的噪声监测和监管。强化夜间施工管理，严格夜间作业审核并向社会公开，鼓励采用低噪声施工设备和工艺。交通沿线地区探索实施“一路一策”，加强重点机场航空飞行降噪管理，优化低噪声飞行程序，降低噪声影响。加强对商业经营、城市公共广场娱乐中社会噪声的日常监管，强化声环境功能区划管理，全面开展声环境功能区评估与调整。倡导各地制定公共场所文明公约、社区噪声控制规约，鼓励创建宁静社区。

四、提高森林生态产品价值实现能力

（一）依据禀赋条件错位发展

平原丘陵区（高端发展区），包括成都等 16 个市的 91 个县（市、区），面积 10 万平方千米。该区以丘陵平原地貌为主，交通、科技、商贸、物流发达，人口稠密，可利用林地 3264.14 万亩。以成都市双流区等 72 个主产县为重点，推进“林粮”生产的数字化、标准化、智能化和一体化，稳定油橄榄、枣子、竹笋、椿芽、花椒、柑橘等优势产品规模，扩大油茶及林粮、林菌、林药、林禽等林下种养规模，提升产品质量和综合效益。

盆周山地区（重点发展区），包括绵阳等 11 个市的 37 个县（市、区），面积 8.1 万平方千米。该区以低中山地貌为主，毗邻大中城市，气候温和湿润，发展条件优越，可利用林地 4602.81 万亩。以都江堰市等 37 个主产县为重点，推进林粮生产的设施化、产业化和品牌化，挖掘扩面增值潜力，提高油橄榄、核桃、板栗、银杏（白果）、竹笋、木耳、树花菜、猕猴桃、梨、茶叶等现代基地比例，扩大林粮、林药、林菌、林菜、林草、林禽、林畜、林蜂、林特等林下种养规模，建立高产稳产优质林粮生产基地。

川西南山区（加快发展区），包括凉山、攀枝花等4市（州）的24个县（市、区），面积6.1万平方千米。该区以中山宽谷地貌为主，干湿季节明显、日照充足、积温较高、土地丰富，可利用林地2765.90万亩。以盐边县等22个主产县为重点，推进林区水利设施建设和集约化、组织化、一体化生产，稳定核桃、板栗、松籽、石榴种植面积，扩大油橄榄、油茶、花椒、杧果、苹果及林粮、林菌、林药、林畜、林蜂等林下种养规模，加强加工转化，增加林粮供给总量和质量。

川西高山峡谷区（潜力发展区），包括阿坝等3个州的31个县（市），面积24.4万平方千米。该区以高山峡谷和高原丘状地貌为主，地形复杂、气候多样，既是四川天然林资源最丰富的地区，也是生态脆弱区，可利用林地6740.12万亩。在坚持生态优先的前提下，以汶川县等31个主产县为重点，稳定核桃、沙棘、花椒、雪域俄色茶、苹果、李子、樱桃等特色经果林规模，适度扩大林药、林菌、林菜、林禽、林蜂、林特等林下种养规模，提高单位面积产值。

（二）聚焦七大领域提升实现效果

一是加快发展木本粮食。栎类树种（橡籽）、华山松（松籽）等木本粮食在山区自然分布广、适应性强，长期以来主要作为生态经济树种，当地群众有利用橡籽、松籽的生产习惯，且有较好的市场消费基础。可重点发展以橡籽（栎类）、板栗（锥栗）为主的淀粉类和以松籽（华山松、马尾松）为主的蛋白质类品种，适度发展大枣、柿等糖类品种。根据木本粮食种类多、分布广、经营水平低、增产潜力大等特点，以现有林分抚育改造提升为主、新建为辅的方式优先发展。力争到

2030年，全省木本粮食种植面积达到1000万亩，其中橡籽（栎类）500万亩、松籽（华山松）300万亩。

二是优化发展木本油料。我国木本食用油产量占国产植物油总量的8.5%，每年食用油缺口高达2300万吨。四川的木本油料树种丰富、木本油料食用历史悠久，发展木本油料大有可为。四川核桃种质资源、规模、产量均位居全国前列，安宁河流域是全国油橄榄最适生态区，现有品种、规模和质量、产量、效益均位居全国前列，目前国家林草局、四川省政府正大力推动发展油茶产业，四川可重点发展核桃、油茶、油橄榄“三棵树”。核桃要调整优化种植布局、改造提升效益，油茶、油橄榄要积极扩大种植规模。同时稳步扩种山桐子、青刺果等特色木本油料树种。力争到2030年，全省实现木本油料2150万亩，其中核桃1800万亩、油茶150万亩、油橄榄100万亩。

三是积极发展森林蔬菜。四川森林蔬菜种类丰富，不少已得到开发利用。竹笋既是重要的纤维类粮食，也是广受市场接受的森林蔬菜，可在现有笋用和笋材兼用竹林基础上，以市场为导向，调优林分产笋环境，优化产笋周期、提升竹笋产量、质量和效益。椿芽、木耳、刺龙苞、树花菜和林下食用菌类、山野菜、魔芋等是重要的森林蔬菜，甘孜的松茸、攀西松露以及通江、青川的木耳享誉国内外，可有序培育、采集。同时，可在林下适度发展沙参、天麻等食药同源特色蔬菜。到2030年，全省森林蔬菜种植或采集面积达到2000万亩，其中竹笋类450万亩、林下食用菌种植及采集面积1060万亩。

四是稳步发展森林药材。四川是全国最大的中药材产地之一，有“无川药不成方”之说。全国常用的363种中药材中，四川有312种，种类数量位居全国第一。全省86种道地药材中，川杜仲、川黄柏、川厚朴、川黄连等享誉国内外。针对当前效益不高的现状，调整优化杜仲、黄柏、厚朴、乌梅等木本药材布局，优化种植模式，加强提升改造。适度扩大林下种植黄连、石斛、当归、半夏、茯苓、白及等道地药材基地规模和林下采集贝母、虫草、羌活、大黄等野生药材规模，巩固森林药材产量、品质在全国的领先地位。到2030年，全省发展森林药材690万亩，其中厚朴150万亩、黄柏100万亩、杜仲90万亩、黄连50万亩。

五是适度发展林果饮料。沙棘果实中维生素C含量高，素有维生素C之王的美称，在四川高山峡谷区域广泛分布，利用其果实加工成的沙棘饮料已规模生产。刺梨作为重要的饮料和药用植物，在全省广泛分布。火棘又称“救军粮”，是四川传统的木本粮食和饮料植物。余甘子是攀西地区特色饮料和药用植物。全省森林饮料可重点发展沙棘、刺梨、俄色茶、老鹰茶，以现有资源的改造提升为主；适度开发山野猕猴桃、余甘子和果桑、火棘等，支持在林地上科学发展苹果、柑橘、梨等名特优新水果和花椒等调味品，增加果品、调料、饮料等产品供给。到2030年，全省森林果品饮料总规模达到2260万亩，其中水果1250万亩、沙棘和茶叶380万亩。

六是有序开展森林养殖。森林是各种动物种群的栖息地，绝大多数森林禽兽可供肉用，昆虫食品具有大量蛋白质、氨基酸和维生素，更能体现“向森林要热量要蛋白”，开发潜力巨大。建议结合林区交通、水源、植物种类等，有序开展森林养殖，发展林区生态循环经济，增加高档动物蛋白、油脂、药材等供给。除传统的禽、畜、蜂等林下养殖外，还可依规开展林麝、梅花鹿、蛇、蛙等特种养殖，做好野猪、竹鼠的种群调控和合理利用。到2030年，全省林下生态养殖规模达到1000万亩，其中养殖家禽500万亩、养殖家畜400万亩、养殖蜜蜂和特种动物100万亩。

七是支持发展林下套粮。在不改变地类、不造成水土流失的前提下，支持人工商品林地综合开发，选择有条件的地区推进林粮套种、间种，增加传统粮食作物生产空间。在强化经果林和人工用材林密度调整、树形管理的基础上，积极推进“经济林＋豆类、花生、荞麦、青稞、马铃薯等矮干非藤本作物”“用材林＋山药、葛根、黄精等耐阴作物”林粮复合经营。力争到2030年全省林粮套种规模达到900万亩，其中套种花生100万亩、套种豆类150万亩、套种马铃薯和甘薯250万亩、套种山药和葛根300万亩。

五、加大古树名木保护力度

2023年7月25日，习近平总书记到四川省广元市剑阁县考察翠云廊古蜀道时强调，要把古树名木保护好。近年来，四川始终坚持以习近平生态文明思想为指引，认真贯彻落实习近平总书记重要指示精神，将古树名木保护作为生态文明建设的重要内容，扎实推进古树名木资源保护，全省古树名木保护工作取得积极成效。

（一）建章立制，持续健全保护体系

一是强化法治保障。坚持党委领导、人大主导、政府依托、各方参与的立法原则，制定出台《四川省古树名木保护条例》，明确古树名木保护范围、政府及部门职责，规范古树名木认定、养护及管理，并对合理利用、擅自砍伐移植的法律责任等多方面作出详细规定。广元市制定了《广元市剑门蜀道保护条例》，成都市修订了《成都市古树名木保护管理规定》。二是健全配套政策。配套出台《四川省古树名木认定办法》《四川省古树名木专家库管理办法》《四川省古树名木认养办法》等。成立全省古树名木鉴定和保护研究所，现有专业技术人员6名；建立省、市古树名木保护专家库，省级入库专家16人。三是完善责任体系。以林长制为抓手，成都、德阳、绵阳等多地将古树名木保护管理纳入林长制考核范围，层层压实责任，推动各级林长开展巡护管护，建成管护责任人实时巡护、主管部门定期抽查、社会公众及时监督的三级监护体系。广元、绵阳、巴中、南充4市建立古树名木协

同保护机制，剑阁县延续县长离任交接制，将古树名木数量、生长情况等内容纳入领导离任交接和审计范畴。

（二）规范管理，全面提升管护水平

一是动态摸清家底。以全省第二次古树名木普查结果为基础，常态化开展古树名木动态摸底调查、鉴定审核、数据上报、挂牌保护等工作，并对新增古树名木开展省市县分级认定和公布。建立“一树一档”的古树名木图文电子信息档案，实现古树名木资源统一规范管理。目前，全省现有古树名木7.16万株，其中一级古树1.08万株、名木97株，树龄超过1000年的有3336株。二是规范日常管护。开展古树名木三年保护行动，突出地域特色，统一绘制古树名木保护牌规格、内容，对全省范围内古树名木实现应挂尽挂。规范日常养护责任书格式，加大日常养护责任书签订力度，眉山市东坡区、洪雅县等地按每年每株260～1200元标准落实古树名木日常管护经费。三是加强行政执法。规范古树名木保护相关行政许可、行政强制、行政处罚等权力事项，研究细化古树名木行政处罚自由裁量权，并纳入省政府“一网通办”。组织人员参加国家林草行政执法培训，依法做好古树名木保护管理行政审批和执法监督。

（三）聚焦症点，多方开展保护行动

一是逐步加强抢救复壮。制定出台《四川省古树名木管理养护和复壮技术规程》，先后编印两批《古树名木抢救复壮典型案例》。协调全国绿化委员会、省级财政累计投入资金1900余万元，通过白蚁防治、木质部防腐、土壤改良及促根复壮、病虫害预防、修剪枯枝、树洞修补等抢救性复壮措施，支持剑阁等县开展一级濒危古树抢救性保护复壮。二是联合开展整治行动。开展打击破坏古树名木违法犯罪活动专项整治行动、城乡古树名木保护专项整治行动，召开全省历史建

筑和古树名木保护专项行动视频推进会，推动翠云廊等重点地区古树名木保护问题整治。广元市发布《关于加强蜀道古柏资源保护公益诉讼工作协作配合的实施意见》，剑阁、梓潼、昭化、南江、阆中五县（市、区）创新蜀道古柏资源保护公益诉讼联席会议制度，有效构建地方性古树名木保护司法监督模式。三是持续加大技术攻关。高效完成全省古树名木鉴定、健康诊断、抢救复壮、土壤修复、价值评估等研究，启动古树名木主要树种树龄鉴定，形成《古柏木个体健康评价技术规范》。加大有代表性古树群保护，开展蜀道翠云廊古柏生境调查，形成《蜀道翠云廊古柏保护专题报告》，中国工程院院士张守攻和曹福亮主持蜀道翠云廊古柏科学保护专家论证会，翠云廊古柏通透性改善实验加快实施。

（四）创新形式，不断形成保护共识

一是推进古树公园建设。把保护古树名木与自然保护、历史文化、乡村民俗传承以及新农村建设、乡村振兴相结合，充分挖掘古树名木的文化、生态、旅游潜能，因地制宜建设一批古树公园，有效辐射带动公园式经济区、居住区绿化建设。截至 2023 年，建成省级古树公园 35 个。二是开展认养保护行动。出台《四川省古树名木认养办法》，全面开展古树名木认养行动，大力支持鼓励四川省绿化基金会开展“保护古树名木助力乡村振兴”线上募捐，增强全社会保护古树名木意识。近年来，梓潼县认养古树 83 株，认养金额 50 万元；剑阁县举行“手牵手护古柏”捐资认养活动，认养古柏 40 株，认养金额 40 万元。三是创新宣传手段。编印《英国植物学家威尔逊在川考察期间拍摄古树名录库》图册，乐山犍为古榕王、广元剑阁紫薇等古树图文资料入选《中国人文古树大观》图书，广元剑阁剑阁柏、雅安雨城区红豆树等 5 株古树入选 85 株“中国最美古树”名录，绵阳平武珂南、广元剑阁夫妻柏等 15 株古树被选入 2021 年中央广播电视总台七夕晚会中的“古

树下的告白”活动。雅安组织创作刊发古树名木诗词歌赋，拍摄制作小视频《荥经·云峰山桢楠古树公园》等作品10余个，引起广泛社会反响。

第五节　积极应对气候变化，建设西部地区低碳发展高地

启动实施二氧化碳排放达峰行动，开展低碳发展试点示范，有序适应气候变化，协同推进减污降碳和生态保护修复，推动应对气候变化工作迈上新台阶。

一、加快实施碳排放达峰行动

为加快实施碳排放达峰行动，应组织碳排放达峰行动的开展，科学分析未来碳排放趋势。这包括开展二氧化碳排放达峰的时间表、路线图和具体施工图研究。调整和优化产业结构、能源结构、交通结构和用地结构，积极探索绿色低碳转型路径，持续降低碳排放强度。按照国家部署要求，加快建立统一规范的碳排放统计核算体系，实施以碳强度控制为主、碳排放总量控制为辅的制度，为碳达峰打下坚实基础。逐步加强重点领域碳排放控制，开展重点行业和领域的碳达峰、碳中和基础研究，科学制定能源、工业、城乡建设、交通、农业农村等领域的碳达峰方案。稳妥推进燃料替代、原料替代、总量控制、结构优化、能效提升、科技创新、数字赋能、管理提效等措施。推动工业的全方位、全区域、全周期的绿色低碳发展，指导和推动钢铁、有色金属、建材、化工等重点行业制定达峰行动方案，引导国有企业发挥带头示范作用，研究制定专项行动方案，优化投资结构和产业布局，

逐步降低单位产品的二氧化碳排放量。支持有条件的重点行业和企业率先达到碳排放峰值，鼓励符合要求的城市和园区参与国家碳达峰试点建设。推动区域碳排放的差异化控制，以国务院批准设立的开发区、国家可持续发展实验区、国家生态工业示范园区等为重点区域，以产业优化、用能调整、循环发展、技术创新、平台建设、项目示范等为重点任务，编制碳达峰行动方案，明确减污降碳路径，分阶段、有步骤推动碳达峰。

二、有效控制温室气体排放，稳步降低二氧化碳排放强度

加快发展电弧炉短流程炼钢，探索水泥、钢铁、化工等制造业的原料、燃料替代，鼓励碳捕集利用与封存、氢冶金等前沿技术的研发和示范。积极参与全国碳排放权交易，提升企业碳排放和碳资产管理能力。大力推广新能源汽车，加强交通运输领域的排放控制。推广绿色建筑和装配式建筑，推动既有建筑的绿色改造，引领超低能耗建筑、零碳建筑的发展。探索实施控制甲烷排放行动，开展化石能源开发过程中甲烷泄漏的检测与修复，减少天然气、页岩气勘探开发过程中的甲烷放空，加快煤层气的高效抽采和梯级利用。鼓励实施硝酸生产过程氧化亚氮排放消减工程，支持氯二氟甲烷（HCFC-22）生产线稳定运营三氟甲烷（HFC-23）销毁装置，推广铝电解生产过程中全氟碳化物减排技术，加强电力设备六氟化硫（SF_6）的回收处理和再利用。控制农田和畜禽养殖的甲烷和氧化亚氮排放，加强污水处理和垃圾填埋的甲烷排放控制及回收利用，提升生态系统的碳汇能力。评估森林、草原、湿地、土壤、冻土、农田等生态系统活动在碳减排增汇中的作用。抓好宜林荒山、荒坡、荒丘、荒滩造林和退耕还林，加强长江廊道、黄河上游水源涵养区、秦巴山区、乌蒙山区、河流源头等区域绿

化，加强沙化、干热河谷、石漠化等脆弱地区生态修复。有机融合山水林田湖草沙冰的自然生态系统，严格落实禁牧休牧轮牧、草畜平衡等基本草原保护制度，科学保育川西北泥炭地，完善林草碳汇项目开发机制，探索林农和牧民小规模林草资源价值实现路径，开发乡村林草碳汇产品，促进林草碳汇交易和消纳。

三、为有序适应气候变化影响，开展气候变化风险监测和评估

特别关注冰冻圈和高原生态系统，开展气候监测网的布局和建设，并积极参与青藏高原的综合科学考察研究。加强对大熊猫国家公园、川西北泥炭地、干热河谷、川藏铁路沿线、盆地沿江低洼地区等脆弱地区的气候变化影响观测和评估，评估极端天气给重大工程建设和运行带来的风险，积极应对极端天气事件，加强高温热浪、持续干旱、极端暴雨、低温冻害等极端天气及其引发的灾害的监测、预警和预报。完善相关灾害风险区划和应急预案，包括完善输变电设施的抗风、抗压、抗冰冻应急预案，增强夏季和冬季高峰时段的电力供应保障和调峰能力，加快抽水蓄能和清洁调峰项目的布局。加强极端天气的健康风险和流行病监测预警，提高脆弱人群的防护能力，并逐步提升重点领域的适应能力。试行重大工程的气候可行性论证，制定适应气候变化的行动方案，因地制宜探索城市低影响开发模式，推广气候友好型技术应用，建设气候适应型城市。加强文物和自然遗产的保护，提高灾害防御能力。调整和优化农作物品种结构，培育和推广高光效、耐高温、耐旱和抗逆作物品种。根据气候变化趋势，逐步调整作物品种布局和种植制度，适度提高复种指数。根据气温和降水变化合理调整和配置造林树种和林种，增加耐火、耐旱湿、抗病虫、抗极温树种的造林比例，合理配置造林树种和造林密度，优化林分结构，提高乡土

树种和混交林比例，升级森林草原火情的监测即报系统。

四、为强化应对气候变化的支持，探索低碳试点示范路径

重点关注低碳能源、低碳产业、低碳建筑、低碳交通和低碳生活方式，选择不同发展阶段、排放水平和资源禀赋的地区，因地制宜探索低碳市（州）、县的建设路径。按照减源、增汇和替代三条路径开展近零碳排放区试点，支持重点城市争创空气质量达标与碳排放达峰的“双达”试点示范，推进能源、钢铁、建材、化工、交通等行业开展协同减污降碳试点，开展电力、钢铁、有色金属、建材、石化、化工等重点行业温室气体排放与排污许可管理的衔接试点。支持具备条件的地区申报国家应对气候变化投融资、减污降碳协同、适应气候变化等试点示范，实施碳资产能力提升行动，研究制定碳排放交易管理的配套政策制度，加强重点排放单位温室气体排放的监测核算、数据报送、核查审核、配额分配和履约监管，规范开展碳资产的委托管理，推动基于项目的温室气体自愿减排交易活动，实施碳排放权交易抵消机制，探索创新良性循环的碳普惠机制，强化碳普惠支撑体系的建设，加快构建人人参与、全民共享的低碳生活圈。以大型会议、展览、赛事等为重点，实施大型活动的碳中和，丰富公众低碳生活场景，鼓励和支持中国（四川）自由贸易试验区开展出口产品低碳认证，提高企业应对新型贸易壁垒的能力，提升出口产品的绿色竞争力。强化科学技术的引领支撑，打造应对气候变化的高端创新平台，建设天府永兴实验室、碳中和技术创新中心，强化应对气候变化的基础研究，推动气候变化事实、驱动机制、关键反馈过程等领域的攻关，加快先进太阳能发电、风力发电、新一代核能、一体化燃料电池、智能电网、绿色氢能、新型储能、锂离子电池、钒电池、页岩气开发、煤炭清洁高效开

采利用等适用前沿技术的研发，推动二氧化碳捕集利用和封存、中低温地热发电、浅层地温能高效利用等技术的集成创新，推动大数据、区块链、云计算等数字技术赋能应对气候变化，提高信息化、数字化、智能化的水平，建立低碳技术的遴选、示范和推广机制，促进低碳技术的产业化发展。

第六节　深化大气污染协同控制，持续改善环境空气质量

一、深化工业源污染防治

要强化重点行业污染治理。深化工业源污染防治的关键在于强化重点行业的污染治理。需要加速火电、钢铁、水泥、焦化及燃煤工业锅炉的超低排放改造，推进平板玻璃、陶瓷、铁合金、有色金属等重点行业的深度治理。工业炉窑的大气污染综合治理是必要的，主要目标是基本完成高污染燃料的清洁能源替代，并全面淘汰 10 蒸吨/小时及以下的燃煤锅炉。在县级及以上城市建成区，原则上不再新建 35 蒸吨/小时以下的燃煤锅炉，而 65 蒸吨/小时及以上的燃煤锅炉（含电力）应全面实现超低排放改造。推动燃气锅炉的低氮燃烧改造，取消石油化工、平板玻璃、建筑陶瓷等行业的非必要烟气旁路。强化治理设施的运行监管，确保按照超低排放限值及相关标准要求运行，减少非正常工况排放。持续推进川西北地区城镇的清洁能源供暖，强化钢铁、水泥、矿山等行业无组织排放的整治。加强开发区的污染治理，逐步推进“一园一策”的废气治理。强化企业挥发性有机物（VOCs）排放达标监管，实施季节性调控，完善挥发性有机物产品标准体系，建立低挥发性有机物含量产品标识制度。

二、推进移动源污染防治的关键在于推动车船的升级优化

推进移动源污染防治的关键在于推动车船的升级优化，需要推进机动车、船舶及油品标准的升级，鼓励成都平原地区淘汰国四及以下营运柴油货车，基本淘汰不具备油气回收条件的运输船舶，鼓励20年以上的老旧内河船舶提前淘汰。制定鼓励新能源车船使用的差异化政策措施，推动新能源汽车的发展，推广新能源船舶，提高轮渡船、旅游船、港作船舶等使用新能源的比例。严格机动车环保管理，强化新生产机动车环保达标监管，加强机动车排污监控信息化建设和应用，加快推进建设国家环境保护机动车污染控制与模拟重点实验室。综合运用现场抽检和遥感监测等手段强化机动车排气路检，完善在用汽车排放检测与强制维护制度。推动成都市在用车排气污染物检测提前执行汽油车污染物排放限值b（GB 18285—2018）标准。推广使用新能源和清洁能源非道路移动机械，加快老旧非道路移动机械更新淘汰，基本淘汰国一及以下排放标准或使用15年以上的工程机械，具备条件的车辆允许更换国三及以上排放标准的发动机。

三、深化面源污染治理

要加强扬尘污染治理，完善文明施工和绿色施工管理工作制度，加强铁路、公路、港口等货物运输管理，采取有效的封闭措施减少扬尘污染，无法封闭的应建设防风抑尘设施。为了加强农业面源污染控制，需要严格秸秆露天焚烧管控，建立全覆盖网格化监管体系，加强“定点、定时、定人、定责”管控，加强卫星遥感、高清视频监控、无人机等手段应用，提高秸秆焚烧火点监测精准度。重点针对种植业、

养殖业开展大气氨排放摸底调查，建立完善大气氨源排放清单，引导农民开展种养结合，实现畜禽粪肥还田利用，减少化肥施用，减少氨排放量，加强养殖业氨排放治理，加大低蛋白饲料品种的研发与推广，推广封闭式粪便存储和处理系统，鼓励高效含氨气体处理技术的研发及运用。

四、强化污染物协同治理

以春夏季臭氧和秋冬季 $PM_{2.5}$ 污染为重点控制时段、以不达标城市为重点控制区域，开展 $PM_{2.5}$ 和臭氧污染协同控制研究。强化政策工具包制定与应用，全面推行差异化减排，鼓励错时生产、错季作业。监督错峰生产落到实处，协同控制消耗臭氧层物质（ODS）和氢氟碳化（HFCs）。严格落实淘汰 ODS 和 HFCs 的有关制度及方案，加强 ODS 和 HFCs 的生产、使用以及销售监管，鼓励、支持替代品和替代技术开发与应用。坚决打击消耗臭氧层物质非法生产、非法贸易活动，提升 ODS 和 HFCs 监测技术水平，建立 ODS 和 HFCs 监测网，健全 HFCs 监测和数据核查机制。组织开展监测和评估工作，研发和推广气候友好型制冷技术，支持实施 HFCs 削减示范工程，降低 HFC-23 副产率，提高 HFC-23 回收利用水平。创新强化有毒有害气体治理，研究制定有毒有害气体污染防治管理办法。开展重点区域铅、汞、锡、苯并［a］芘、二噁英等有毒有害大气污染物调查监测，定期对垃圾焚烧发电厂开展二噁英监督性检测，实施重点行业二噁英减排工程。加强履行国际汞公约能力建设，调查评估重点行业大气汞排放控制现状与履约差距，开展履约行业大气汞污染防治技术的筛选与示范。鼓励开展有毒有害气体污染治理技术研究，完善健康影响评价机制，强化环境人体健康及生态风险预测预报能力，研究设立环境空气质量健康指数。

第七节　推动经济社会全面绿色低碳转型，建设全国绿色发展示范区

一、构建绿色空间格局

要构建绿色空间格局，需要强化生态环境空间分区管控，深入实施主体功能区战略，构建新的国土空间开发与保护格局。这一格局旨在创造安全高效的生产空间、宜居的生活空间以及绿水青山的生态空间。全面实施以“三线一单”（生态保护红线、环境质量底线、资源利用上线和生态环境准入清单）为核心的生态环境分区管控体系，建立动态更新与定期调整相结合的机制，并推动建立跟踪评估机制，以保障政策制定、环评审批、园区管理和执法监管等方面的应用。同时，要将碳排放总量控制和强度控制纳入“三线一单”生态环境分区管控体系，强调协同减污降碳要求。

在各地区的具体工作方面，成都平原地区要逐步疏解非核心产业功能，加快产业升级，建设高质量发展引领区和公园城市先行区，争取在生态环境质量改善方面走在前列。川南地区要优化产业结构，有序承接产业转移，促进资源能源高效开发，打造长江上游绿色发展示范区。川东北地区要推动传统产业绿色转型，重点关注钢铁、建材、天然气、化工等行业。在乡村振兴和省际交界区域绿色发展引领方面也要有所作为。攀西地区要推进安宁河谷综合开发，强化生态修复，提升能源资源的绿色供给能力，加速现代农业示范基地和战略资源创新开发试验区的建设。川西北地区要坚持生态优先，提高生态安全屏障功能，发展生态经济，并建设国家生态文明建设示范区。

二、推动生产方式绿色转型

强化行业产能置换政策，特别是钢铁、水泥、平板玻璃、电解铝等行业，以推动落后产能退出。关闭不符合能耗、环保、安全、技术标准的或生产不合格、淘汰类产品的企业，淘汰落后产能，推动重污染企业搬迁入园或依法关闭，特别关注长江及其重要支流沿线存在重大环境安全隐患的企业。加快就地改造、易地迁建和关闭退出，以促进产能升级。进行差别化环境管理，对能耗、物耗、污染物排放等指标提出最严格的管控要求，推动竞争乏力的产能退出。推动传统行业进行绿色化改造，实施全要素、全流程清洁化、循环化、低碳化改造，将智能化和绿色化融入研发、设计、生产和销售过程。提高资源和能源利用效率，有效削减污染物排放。积极构建绿色产业链和供应链，特别关注钢铁、造纸、食品等行业，推动产品绿色化和市场份额提升。完善清洁生产审核实施办法，强化强制性清洁生产审核。全面推进开发区绿色化改造，整合传统产业集群和开发区，提升绿色化水平，推动园区循环化改造，延伸产业链条，推动产业循环耦合，推动废弃物、余热余压、废水等有效利用。推动园区基础设施绿色化改造，探索环保公共基础设施和工艺设施共享，推动工业绿色低碳微电网建设，加快绿色低碳开发区建设，支持开发区制定近零碳排放方案，推动近零碳排放开发区建设。推动自由贸易试验区绿色化改造，探索行业、开发区和企业集群清洁生产审核试点。发展绿色环保产业，支持新能源、动力电池、新能源汽车、大数据等绿色低碳优势产业，推动产业化和本土化，促进产业深度融合，推动产业升级，支持环保产业链上下游整合，发展环境服务综合体，扶持劳动密集型环保产业，培育环保产业集群。推动信息服务业绿色转型，推动新型基础设施建设和改造，建立绿色运营维护体系，支持环保技术研发、环保装备制造和节能环保等环保产业基地建设。支持资源综合利用的环保产业基地建设，全面构建绿色农业，发展绿色低碳循环农业，构建绿色、现代、高效的农业体系，支持国家农业绿色发展先行区建设，推广使用节水灌溉技术，推进化肥农药减量化，推广水产健康养殖模式，鼓励发展高标准规模化生态养殖，加快推进绿色种养循环农业，建立病死畜禽无害化处理体系，禁止生产、销售、使用不符合国家标准的农膜，鼓励使用全生物降解农膜，秸秆综合利用，推动农村产业链低碳、协调、融合发展，构建现代绿色运输体系，支持高速铁路和城际铁路建设，减少公路客运量，推动运输方式绿色转型，鼓励大宗货物运输“公转铁、公转水”，提高大宗货物绿色运输方式比例，推进多式联运工程建设，打造高效率的沿江货运通道，加快内河航运和港口建设，推动机场绿色智能化改造，改善港口岸电设施和船舶岸电设施，支持长江干线应用 LNG 动力船舶，推进城市绿色货运示范工程，支持物流园区低碳化和绿色化建设。

三、推动能源利用方式绿色转型

要优化能源供给结构，加速建设国家清洁能源示范省。科学有序推进水电开发，加快发展风电和太阳能发电，并促使它们与水电互相补充。根据地区条件推动生物质、沼气发电以及生物天然气等清洁能源开发利用。合理规划新增燃气发电项目以满足电网需求，加强电力系统的调节能力建设和灵活性改造，提升清洁能源的消纳和储存能力。推动本地清洁能源消纳，积极建设氢能设施，构建成渝氢走廊和成都氢能产业生态圈，进行氢能技术攻关，推动制氢产业发展。在天然气领域，将推动千亿立方米级产能基地的绿色发展，加快天然气输气管道和储备设施的建设，特别关注川中安岳、川东北高含硫天然气、川西致密气和川南页岩气等气田。强化气田开发的环境管理，减排和回收甲烷，并合理处置废弃油基泥浆、含油钻屑和其他钻采废物。加强地下水污染防治，控制废水回注中的环境风险。鼓励研究和应用非常规天然气清洁开发和污染治理技术，制定符合区域实际的环境政策、标准和污染防治技术规范。支持天然气资源的综合利用，特别是天然气主产地的绿色精细化工产业。在煤炭领域，控制煤炭消费总量，推动煤炭减量替代，淘汰煤电落后产能，不再新增自备燃煤机组，并支持清洁能源替代。同时，进行现役煤电机组的节能升级和灵活性改造，促进煤炭等化石能源的清洁高效利用，推动煤化工企业绿色低碳改造，加强环保治理和资源综合利用，鼓励氢能和生物燃料等替代能源在钢铁、水泥、化工等行业的应用。提高工业终端用能电气化水平，加强工业余热利用，推动天然气管网、电网等设施的建设以支持“煤改气”和“煤改电”等替代工程。

四、推动生活方式绿色转型

创建绿色消费场景，鼓励消费绿色低碳产品，实施“电动四川”行动计划，推动新能源汽车的消费，特别是公共机构应带头使用新能源汽车。完善绿色低碳产品标准体系，提高绿色产品标识的公众认可度，促使标准与认证发挥引领作用。增加绿色产品的供给，强制政府采购节能环保产品，并扩大政府绿色采购范围。创建绿色生活，倡导绿色理念，鼓励低碳节约生活方式，包括光盘行动、可降解的打包盒、限制一次性用品的使用、推广绿色出行方式、强化环保意识、垃圾分类、规范快递和共享经济等行业的环保行为，限制商品过度包装，推进城市绿色货运配送示范工程，推广绿色建筑和使用节能、节水等绿色家庭用具。加快绿色生活设施的建设，包括城市公共交通网络、电动车充电设施、社区基础设施的绿色化建设。推动城市常住人口在不同规模城市的公共交通机动化出行，建立地面公交骨干通道，优化步行和自行车出行环境。

第八节　深化改革创新，推进环境治理体系和治理能力现代化

全面推进生态文明体制改革创新，建立多元共治格局，健全环境经济政策体系。推进环境治理现代化能力建设，打造生态环保工作铁军，为美丽四川建设提供有力保障。

一、建立多元共治格局

压实党委领导和政府主导责任，充分发挥生态环境保护委员会的作用，统筹解决生态环境保护工作的重大问题。强化综合决策，形成工作合力。严格落实生态环境保护责任清单，将责任延伸到乡镇（街道），实施环境保护目标责任制和考核评价制度，将环境保护目标纳入各级各部门的考核内容。实行区域差异化政绩考核，加大生态文明建设和生态环境保护的权重，特别是重点生态功能区县不考核地区生产总值。

在环境信息公开方面，要健全完善环境信息公开机制，修订评价考核体系，加大省级生态环保督察力度，使其制度化、常态化、长效化。坚决反对和查处“一刀切”现象，实施生态环境保护督察年度计划管理，加强问题整改协调联动，严防问题反弹。企业环境治理方面，要加强依法持证排污管理，推动建立排污许可制，强化企业环境治理主体责任，确保污染物排放控制在规定范围内。企业应安装自动监测设备，并禁止监测数据造假。同时，要鼓励企业开放环保设施，向社会公众开放，强化社会共建和公众参与。构建全民参与的社会行动体系，健全举报、听证、舆论和公众监督等制度，引导社会组织通过多

种方式参与环境监督。同时，要培育和发展社会组织，引导其依法开展生态环境公益诉讼等活动，以推动生态环保工作的发展。

二、健全环境监管体系

推进生态监测网络建设，完善生态环境监测大数据平台，弥补监测设施设备不足，特别是在重点区域建设大气复合污染自动监测网络，提高温室气体监测能力。此外，将水环境监测范围扩展至乡镇一级，增加特征污染监测指标，完善饮用水水源地自动监测监控系统，提升水源地预警能力。继续推进功能区声环境自动监测点位建设，强化重点开发区和污染源监测监控体系。全面提升环境监测快速反应能力，补齐地下水和水生态监测能力不足，加强特定行业特征污染物和新型污染物监测技术研发与应用。

加大西南区域空气质量预警预报中心和土壤样品流转中心建设，强化市州监测机构预警预报、风险评估和实验室基础能力建设。建立特色专项监测实验室，提升县级监测机构应急、执法监测水平，提升污染源监测和执法快速响应能力。

推动黄河流域县级环境监测用房和应急物资库建设，对未达标准化要求的市、县级监测站房进行升级改造。深化环评“放管服”改革，加强规划环评和项目环评的协同，健全环评预审制度，为重大项目提供便捷审批通道，优化小微企业项目的环评管理，探索碳排放评价纳入环境影响评价管理。

加强排污许可监管，推进排污许可全覆盖，按证排污和持证排污，实现排污许可与其他环境管理制度的衔接，推行“一证式”监管，动态更新排污许可证，加强信息化建设和应用，发挥排污许可制在碳排放管理中的作用，对高耗能、高排放企业排污许可证进行审查。

全面加强环境保护监管执法，推动执法权限下放至基层，规范执法标准，配备执法队伍所需的装备和资源，建立网格化监管体系，加强“双随机、一公开”监管，完善监督执法正面清单制度，优化执法方式，推动差异化执法监管，加强高科技装备配置，建立执法信息化管理体系，推行视频监控和监管手段，提高执法效率。同时，建立执法大练兵制度，以应对气候变化和生态监管领域的执法需求。

三、健全环境经济体系

要发挥市场机制引导作用，推动绿色发展和生态环境保护的目标。其中包括通过市场机制引导作用，完善有利于绿色发展的价格政策和差别化管理政策，充分发挥市场在资源配置中的作用，以价格杠杆引导经济高质量发展和生态环境高水平保护。建议实行差别化的电价、水价和气价政策，特别是针对钢铁、水泥等重点行业，以优化资源配置。另外，深入推进资源要素市场化改革，有序推动排污权、用能权、用水权、碳排放权等市场化交易，以进一步优化资源配置。还建议建立生态环境保护者受益、使用者付费、破坏者赔偿的利益导向机制，包括动态调整污水处理费标准和推进污水排放差别化收费，健全固体废弃物处理收费机制。在环境治理市场方面，要推动节能环保企业健康发展，引导企业参与环境基础设施建设和生态环保工程。同时，鼓励民营企业承担国家重大科技专项和国家重点研发计划项目，支持社会资本参与生态保护修复，扩大生态环境项目投资。还要推动绿色项目的 PPP 资产证券化，支持减污降碳、环境治理整体解决方案、区域一体化服务模式等第三方治理示范。在环境法治标准方面，建议加强生态环境法规制度建设，包括领域立法、美丽河湖法治建设、制定主要流域和湖库生态环境保护条例等。总体来说，这些建议旨在综合应对环境保护和经济发展之间的挑战，以实现可持续发展的目标。

四、健全环境法治标准体系

为了加强生态环境法规制度建设，需要快速推进在重点领域的立法工作。同时，深化美丽河湖的法治建设，考虑制定岷江、泸沽湖等主要流域和重要湖库的生态环境保护法规。此外，还要着重对土壤、固体废物、湿地、噪声等重要生态环境领域的法律法规进行修订。鼓励有条件的地方在气候变化、生物多样性保护等方面出台地方性法规。支持市州在生态环境治理特定问题上进行精细化立法，并建立地方生态环境法规评估方法。应逐步评估已颁布的地方性生态环境法规，实施生态环境损害赔偿制度，对破坏生态环境的行为进行合法追究和厘清赔偿责任。同时，推动环境司法联动，强化各部门的协同合作，建立信息共享机制，举办联合培训，并加强生态环境行政执法与刑事司法的衔接。在对破坏生态环境违法行为的查处和侦办方面要加大力度，特别是对跨区域、跨流域的重大环境污染案件要进行联合督办。此外，还需完善环境公益诉讼制度，使其与行政处罚、刑事司法和生态环境损害赔偿等制度相衔接。还应推动将涉及消耗臭氧层物质等违法行为纳入刑事责任追究范围。另外，要完善生态环境保护标准和标准体系，形成政府引导、企业主导、社会广泛参与的标准化工作新模式。重点在污染物排放标准、含油污泥资源化利用、温室气体排放管理、种植业污染治理、土壤风险评估、川西北牧区小型生活垃圾处理等技术规范方面制定标准。鼓励制定各种涉及环境治理的绿色认证制度，同时制定生态环境标准评估工作指南，对实施已有 5 年以上的标准进行评估，并根据评估结果适时进行修订。最后，还要推进省生态环境标准化技术委员会的建设。

第六章

川西北地区在筑牢长江黄河上游生态屏障上持续发力

在中国共产党四川省第十二次党代表大会及一系列领导会议中，四川省委书记王晓晖强调了加快构筑黄河上游生态屏障的重要性。具体来说，2022年5月，在中国共产党四川省第十二次党代表大会上，王晓晖提出了加快构筑黄河上游生态屏障的任务。2023年4月，四川省副省长带队到阿坝州调研黄河流域生态保护治理等工作，并提出了建议。此外，在2022年11月，四川省人民政府印发了《四川省黄河流域生态保护和高质量发展规划》，为推进相关工作提供了依据。同时，六部门共同制定了《科技支撑四川省黄河流域生态保护和高质量发展行动方案》，初步形成了科技支撑体系。文化和旅游部门也参与其中，制定了《四川省黄河文化保护传承弘扬专项规划》，推动文化旅游业高质量发展。此外，四川省高级人民法院还发布了《四川省高级人民法院关于为四川省黄河流域生态保护和高质量发展提供优质司法服务保障的意见》，为黄河流域生态环境保护审判工作提供指引。这一系列政策和措施的实施旨在加快构筑黄河上游生态屏障，推动生态保护和高质量发展。

2022年8月，阿坝州召开若尔盖国家公园创建、若尔盖“山水工程”项目实施、黄河岸线治理暨超载过牧问题整改工作推进会议。为保护若尔盖生态系统，甘孜州于2022年8月召开甘孜州推动长江经济带发展、黄河流域生态保护和高质量发展领导小组会议暨2022年总河长全体（扩大）会议。会议指出，要扎实推动黄河流域生态保护和高质量发展。2023年2月，甘孜州人民政府印发《甘孜州全面推动经济高质量发展的若干政策措施》，包含10方面共30条政策措施。为甘孜州进一步推动黄河流域高质量发展提供了资金、政策等保障。2023年5月，甘孜州生态环境保护委员会第三次会议暨生态环境保护领域问题整改推进会召开，会议强调要加快推进发展方式全面绿色转型。围绕清洁能源、高原特色农牧业、文化旅游、优势矿产等特色产业，大力发展可持续的绿色低碳产业集群，做好各类资源节约集约利用，不断激发高质量发展的活力动力。

2022年7月，红原县召开了四川黄河上游若尔盖草原湿地山水林田湖草沙冰一体化保护和修复工程项目调度会。会议系统分析了存在的困难问题，并研究部署了下一步的重点工作，以确保“山水工程”建设能够取得实实在在的成效。2022年9月，红原县召开了第十三届县委常委会第31次会议，会议强调要全力维护生态安全，全力推进绿色发展，切实巩固长江黄河上游生态屏障。2022年11月，阿坝县召开了第十四届人民政府第13次常务会议，会议提出了大力推进畜牧产业结构调整，增加农牧民群众收入，加快畜牧业现代化进程的重要任务。2022年11月6日，若尔盖县召开了若尔盖国家公园创建工作推进会议，会议深入贯彻习近平总书记在《湿地公约》第十四届缔约方大会开幕式上的重要讲话精神，研究部署了若尔盖国家公园创建相关工作。2023年2月7日，第十五届若尔盖县人民政府召开了第15次常务会议，会议针对2022年黄河流域生态环境突出问题，制定了整改细化方案，并研究审议了相关事宜。2023年2月，松潘县召开了中共十四届松潘县委第47次常委会会议，会议组织学习了《中华人民共和国黄河保护法》，并要求进一步加强黄河流域生态保护修复，切实巩固黄河上游重要生态屏障。2023年3月，石渠县召开了长江黄河生态环境问题暨中央环保督察反馈问题整改会议，会议学习了《石渠县黄河流域生态修复办法》，并就中央环保督察问题整改及下一步工作提出了建议。

第一节　全面实施生态保护与生态修复工程

一、阿坝州生态保护与生态修复持续推进

阿坝州立足川西北生态示范区的特殊定位，深入践行习近平生态文明思想，通过谋划“新”格局，开辟“新”路径，铺展“新”画卷，以最大力度、最高标准、最实举措推进生态保护治理，加快建设“国家生态文明建设示范区”。四川按照国家“重在保护、要在治理”的战略要求，实施了严格的生态保护和山水林田湖草沙冰系统治理工程，以最大限度涵养水源，筑牢黄河上游重要生态屏障。自2022年以来，阿坝州大力推进生态保护与修复，重点从黄河干支流治理、防沙治沙、减畜增收等方面发力，以遏制沙化涵养水源，提升草原生态状况。其一是大力加强岸线流域治理，全面推进“增水减沙”，启动实施黄河干流若尔盖段应急工程和白河、贾曲河等支流治理项目，从而促进流域生态环境保护。其二是针对不同类型的沙地采取设置高山柳沙障、混合种植披碱草等高原适宜的草种，同时配套围栏禁牧、巡护管理等措施，以确保黄河上游沙移现象减少，逐步转化为半固定沙地，达到高效遏制沙化、涵养水源的目的。其三是进一步加强超载过牧治理，全面推进“增草减畜”，通过精准核定天然草原理论载畜量和实际载畜量，制定科学的草原超载过牧减畜实施方案，扎实推进“以草定畜、草畜平衡”，持续加强草原保护管理体系建设。2022年8月，阿坝州召开若尔盖国家公园创建、若尔盖“山水工程”项目实施、黄河岸线治

理暨超载过牧问题整改工作推进会议。会议提出要进一步细化目标任务、提速项目建设、强化统筹协调，高质量推进“山水工程”项目建设，着力建好全州生态保护修复一号工程，并签订了《山水林田湖草沙冰一体化保护和修复工程建设目标责任书》。

一是谋划“新”格局，生态体系不断健全。形成导向清晰、多元参与、良性互动的环境治理体系，从宏观上推动区域空间格局优化。实施生态环境分区管控，将全州划分为61个管控单元。成功创建国家生态文明建设示范县2个、“两山”实践创新基地2个、省级生态县5个，生态示范创建总量居全省“第一方阵”。总投资52.6亿元的四川最大生态保护修复项目——“若尔盖山水工程”落地阿坝，并作为“中国山水工程”的重要组成入选联合国首批十大“世界生态恢复旗舰项目”。河（湖）长制、林（草）长制、田长制责任全面落实。

二是开辟“新”路径，生态保护全域推进。突出系统性、平衡性、和谐性，“七大保护”行动全域开展。以森林植被、草原湿地、雪山冰川、河流湖泊、干旱河谷为重点，持续实施天保工程、湿地保护恢复、退牧还草等，完成营造林41.5万亩、禁牧2000万亩、草畜平衡3765万亩，全州林草综合植被盖度达85.6%，湿地面积达881万亩，占全省的47.7%。创新开展黄河上游干支流综合治理，建成生态防护带56.9千米，高质量完成若尔盖段岸线应急处置工程，“323”工作法全省推广。

三是铺展“新”画卷，生态治理有序实施。坚持综合治理、系统治理、源头治理，加快实施“七大治理”工程。以山水林田湖草沙系统修复为重点，治理水土流失60平方千米、地质灾害107处、中小河流21条、草原“两化三害”313.5万亩，牧区五县平均超载率下降至5.8%。持续打好蓝天、碧水、净土保卫战和固废歼灭战，污染防治攻坚战考核成绩进入全省“第一梯队”，环境空气质量稳居全省第一名，国省水质考核断面首次实现全域Ⅱ类标准以上，水环境质量进入全国“第一方阵”。

二、甘孜州生态保护与生态修复持续推进

自2022年以来，甘孜州大力实施草原生态修复项目，坚持后期管护、技术支撑、扩大宣传等措施，持续推进退化草原修复治理，确保黄河上游退化草原植被能够得到有效恢复。2022年10月，甘孜藏族自治州人民政府印发了《甘孜州加强草原保护修复和草业发展实施方案》，同时，在黄河流域生态修复过程中，甘孜州采取全民动员到位、目标分解到位、责任落实到位、部署安排到位、相互配合到位、督促落实到位的“六到位”措施，确保黄河流域生态建设各项工作有序推进。

（一）加强草原修复治理

划定基本草原保护区域，设立标示标牌，将基本草原保护纳入乡（村）规民约。加强草原综合治理，严格落实草畜平衡管理制度，全面推行草畜平衡、草原禁牧、轮牧休牧，开展草原资源环境承载力综合评价，推动以草定畜、定牧。推进色达、炉霍地区超载过牧草场减畜，完善减畜奖补政策；合理适度发展道孚、新龙、色达、石渠等牧区生态畜牧业规模。继续实施草原生态保护修复和退牧还草两大工程，加强长沙贡玛、沙鲁里山高寒草地草甸及大雪山、亚丁区域高山、亚高山草甸生态系统保护，推进白玉、甘孜、德格、石渠等北部四县区域草原板结、沙化、鼠虫害治理。加强生物灾害预警监测，完善草原有害生物防控体系。强化草原火灾风险综合防控，完善草原防灭火体制机制，提升草原防灭火能力。到2025年，治理中度、重度沙化土地30万亩，防治草原鼠虫害2975万亩，草地综合植被盖度达到85.0％。

（二）加强森林资源管护

实行最严格的森林资源保护制度，全面推行林长制。开展国土绿

化行动，加强高速公路、国省干道沿线和“两江一河”绿色走廊建设。加强贡嘎山、大渡河、鲜水河大峡谷、沙鲁里山、金沙江干旱河谷以及亚丁等地区森林生态系统保护，继续实施天然林、生态公益林及原生灌丛保护、抚育，提升生态系统碳汇，增强水源涵养及生物多样性保护等生态功能；加强荒山荒坡裸露地、地灾损毁林地、工程创面植被恢复，防治崩塌、滑坡等地质灾害和水土流失；合理调配造林树种、造林密度，优化林分结构，完善森林防灭火体制机制，提升森林防灭火能力。合理开发环贡嘎山、环格聂神山、环亚丁等旅游圈，适度开发大渡河特色文化旅游。加大松材线虫病等森林病虫害防治力度。预计到2025年，森林蓄积量4.88亿立方米，森林覆盖率35.56%。

（三）加强湿地保护恢复

加强石渠县长沙贡玛高寒湿地水源涵养与生物多样性保护修复，实施添堵排水沟、自然河渠水位抬高、退化湖泊水位恢复等退化湿地生态修复工程，禁止严重破坏湿地及其水源涵养功能的泥炭、矿产资源开发活动。加强理塘海子山（无量河）、色达县泥拉坝等重要湿地生态保护与建设。完善沼泽湿地生态保护管理体系，加强湿地保护与管理能力建设，扩大湿地生态效益补偿试点范围。

（四）加强生物多样性保护

优化生物多样性保护空间格局。优化调整自然保护地，加强生物多样性保护监管。因地制宜科学构建促进物种迁徙和基因交流的生态廊道，加强重点生态功能区、重要自然生态系统、自然遗迹、自然景观及珍稀濒危物种种群、极小种群保护，对栖息生境、原生境实施保护措施。选择重要珍稀濒危物种、极小种群和遗传资源破碎分布点建设保护培育基地。推进各级各类自然保护地保护空间标准化、规范化建设。积极开展生物多样性迁地保护，优化建设各级各类抢救性迁地保护设施，填补重要区域和重要物种保护空缺，加强迁地保护种群的档案建设与监测管理。健全生物多样性保护监测体系，推进生物多样性调查监测。开展重点区域生态系统、重点生物物种及重要生物遗传资源调查。充分依托现有各级各类监测站点和监测样地，构建生态站点监测网络。建立反映生态环境质量的指示物种清单，开展长期监测。持续推进生物遗传资源和种质资源调查、编目及数据库建设，建立高原种质资源库和生物多样性标本库。持续推进川藏铁路沿线生物多样性中长期跟踪调查评估。加大生态系统和重点生物类群监测设备、卫星遥感和无人机技术应用，推动生物多样性监测现代化。积极推进生物多样性保护修复成效、生态系统服务功能、物种资源经济价值等评估，开展大型工程建设、资源开放利用、外来物种入侵、气候变化、环境污染、自然灾害等对生物多样性的影响评价，提出应对策略。逐步提升生物安全管理水平。依法加强生物技术环境安全监测管理，完善监测信息报告系统，建立生物安全培训、跟踪检查、定期报告等工作制度，制订风险防控计划和生物安全事件应急预案，强化过程管理，保障生物安全。严格外来入侵物种防控。加强外来入侵物种调查、监测、预警、控制、评估、清除、生态修复等工作，完善外来物种入侵防范体系，推进野生动物外来疫病监测预警，持续提升外来物种防控管理水平。强化生物多样性保护执法监督检查。建立重要保护物种栖息地生态破坏定期遥感监测机制，依法加大危害国家重点保护野生动植物及其栖息地行为监督和查处力度，持续推进“绿盾”自然保护地强化监督专项行动。组织开展禁渔期专项执法行动，清理取缔各种非法利用和破坏水生生物资源及其生态、生境的行为。健全联合执法机制，严厉打击非法捕猎、采集珍稀濒危野生动植物等违法犯罪行为。禁捕野生鱼类。

（五）加强敏感脆弱区保护修复

加强水土流失综合治理。加强雅砻江鲜水河流域的甘孜、炉霍、道孚及雅砻江下游的雅江，大渡河流域的丹巴、泸定及金沙江流域的巴塘、得荣等地质脆弱、易灾地区灾害防治，通过工程或技术手段对滑坡、崩塌、泥石流等地质灾害实施挡墙、抗滑桩、主动或被动防护、拦挡坝、排导工程等治理工程，结合山水林田湖草生态恢复治理手段，加强水土流失综合治理。开展康定市石漠化、北部地区沙化土地治理，恢复增加植被盖度，增强水源涵养能力，减轻水土流失，遏制生态退化蔓延。开展清退小水电生态修复。预计到2025年，治理水土流失面积4500平方千米。推进矿山生态保护与修复。加强康定、丹巴、九龙等矿山生态保护与修复，规范锂矿开发活动，推进绿色矿山建设，督促矿山企业依法依规编制矿山地质环境保护与土地复垦方案，制订露天矿山生态修复计划，实施矿区土地破坏、地质灾害治理及地形地貌景观恢复等生态环境修复工程。加强对矿山开采活动影响区域内未利用地环境监管，排查整治矿山无序堆存的历史遗留废物，逐步消除存量。因地制宜开展历史遗留矿山生态修复。计划到2025年，完成已关闭退出矿山和责任主体灭失露天矿山迹地治理。

（六）严格开发建设活动管控

加强川藏铁路甘孜段、境内高速、国省干线、旅游干线公路及航空运输等交通工程，输变电、油气和充电设施等能源工程，水电站、水源保障、防洪工程等水利工程，5G铁塔通信工程等重大基础设施建设工程与自然资源开发利用活动生态环境监督管理，督促开发建设单位合理开发、落实绿色施工、保护生物多样性、严格污染防治、强化生态保护和修复、制定环境风险应急预案等各项生态环境保护措施和要求，强化源头预防和事中事后监管，避免或最大限度减轻对生态环境的影响。以大型水电开发、川藏铁路等线性工程区为重点，开展生态系统保护成效评估。依法加强监督执法和追责，对开发建设运行过程中生态环境违法行为零容忍。

第二节 加强重点区域水生态环境保护，加快国家公园建设

加强生态保护修复，维护优良水体水生态环境，构建“一源、三库、九区”的流域水生态环境保护网络。“一源”即雅砻江源头。要有效治理高寒高海拔地区城镇及农村生活污水，提升上游水源涵养能力，保障干流水质稳定达到Ⅱ类。“三库”即鄂曲水电站和赞多措那玛、两河口水库形成的水库群。要全面保护良水体，开展库区消落带生态治理，提高植被覆盖度，恢复土著鱼类种群。“九区”包括海子山、察青松多、长沙贡玛3处以湿地为主的自然保护区，鲜水河、色须、扎曲、普公坝、雅砻林卡5处湿地公园及阿拉沟高原省级水产种质资源保护区。要加强高原湖泊湿地保护和生物多样性维护，确保流域内湿地面积不减少，功能不降低；加强水生生境及特色水产种植资源保护，开展野生鱼类栖息地人工繁殖研究。

一、金沙江流域

加强水库群联合调度，保护修复长江水生生境，维护干流水体优良，构建“一区、四库、五片”的流域水生态环境保护网络。“一区”即金沙江上游川藏共界区。要加强上游生态综合保护修复，提升水源涵养和水土保持能力，优化金沙江干流沿江产业布局，保护恢复珍稀鱼类种群资源。“四库”即拉拉山、古学和去学3座水电站和茨巫水库形成的水库群。要实施金沙江水库群联合生态调度，保障下泄流量，开展库区消落区生态修复，推进湖岸生态缓冲带建设。“五片”即察青松多、长沙贡玛2个国家级保护区，拉龙措、姊妹湖2个国家级天然

湿地，邓玛湿地公园1个省级天然湿地。要控制天然湿地流失和破坏，恢复并扩大湿地面积，增强湿地生态功能及固碳能力。

二、大渡河流域

筑牢川滇森林及生物多样性保护和青藏高原生态屏障，构建“二源、一干、十二库、一区”的区域水生态环境安全格局。“二源”即梭磨河、绰斯甲河2条源头河。要实施山水林田湖草冰一体化综合治理与生态修复，提升生态脆弱地区生态系统稳定性，提高上游水源涵养能力，保护和提升源头区水质。“一干”即大渡河干流。要保护重要鱼类栖息地，拆除相关支流小水电恢复河道连通性，营建鱼类产卵场，开展河道生态修复；加强土壤保持和水土流失综合治理；科学有序开采流域矿产资源，建设绿色矿山。“十二库”即猴子岩、黄金坪、长河坝、大岗山、泸定、龙洞、华山沟、金康、金平、金元、巴郎口等12座大型水电站。要建设绿色水电站，大力实施库区边坡生态恢复；建立健全流域上下游水电站协同调度机制，统筹考虑防洪、生态安全及电力供应需求，优化水资源调度方案。“一区”即色曲河州级珍稀鱼类自然保护区。要全面保护高原高寒湿地，科学修复退化湿地，恢复并扩大湿地范围，增强湿地生态功能，保护生物多样性；加强水生生境及特色水产种植资源保护，开展野生鱼类栖息地人工繁殖研究。

三、黄河流域

筑牢黄河源头生态屏障，构建“一支流、一湿地”的区域水生态环境安全格局。“一支流”即查曲支流。要有效治理高寒高海拔地区城镇及农村生活污水，提升上游水源涵养能力。“一湿地”即石渠长沙贡玛国际重要湿地。要加强高原湿地保护和生物多样性维护，确保流域内湿地面积不减少，功能不降低。

四、全力推进若尔盖国家公园建设

四川充分调动全省资源，将创建若尔盖国家公园作为推动黄河流域生态保护和高质量发展的重要举措。全面统筹推进若尔盖国家公园建设，若尔盖县地处青藏高原东部边缘，是长江黄河上游关键的水源涵养区和生态保护屏障。该地区的生态系统脆弱，地理位置至关重要。通过沙化治理、湿地修复、草原生态修复等生态建设项目，若尔盖县的林草覆盖度逐年增加，湿地功能逐步恢复。通过建设生态文明示范区，推进了生态管治护一体化，解决了一系列突出的生态问题，有力促进了区域内的生物多样性保护。

在污染防治攻坚战方面，若尔盖县紧密围绕生态质量考核目标，全力打好蓝天、碧水、净土三大战役，环保设施不断升级，环境质量持续改善。2018 年，若尔盖县荣获全省唯一的“生态文明建设贡献奖”，充分践行了“绿水青山就是金山银山”的理念。

为了积极筹备若尔盖国家公园的创建，四川省联合甘肃编制了若尔盖国家公园初步总体规划，明确了拟建区范围，并提出了 28 项任务，包括体制机制建设、矛盾冲突调解、生态保护修复等。随后，阿坝州召开了若尔盖国家公园创建推进专题会议，听取了若尔盖国家公园创建情况汇报，并签订了相关责任书。习近平主席在湿地公约第十四届缔约方大会中宣布，中国将重点建设若尔盖等湿地类型国家公园，为若尔盖国家公园建设提供了国家支持和国际合作的方向。

为了贯彻中央关于推进黄河生态保护和高质量发展的决策，若尔盖国家公园明确了保护范围和功能分区，并实行核心保护区和一般控制区两级分区。四川片区涵盖了若尔盖、喀哈尔乔、日干乔、曼则唐等 4 个湿地自然保护区及嘎曲、若尔盖 2 个国家湿地公园，将 90%以上的沼泽湿地和 174 千米的黄河干流纳入国家公园保护范围，核心保护区不低于总面积的50%。同时，建立了科学的管理体系，包括若尔盖国家公园管理机构的筹建、生态保护站点的设立、自然资源资产产权管理制度的实施等。

若尔盖国家公园还着力开展生态保护修复工作，聚焦重点区域，通过自然恢复和生态修复，全面提升生物多样性，水源涵养功能，进行草地鼠病虫害防治、沙化草地治理等，以解决草原超载过牧问题，恢复草地生态系统的完整性和生态功能。

此外，为推动社区协调发展，实施社区共建共管，引导社区参与国家公园的保护、建设和管理，优先在国家公园周边城镇建设入口社区，鼓励发展非资源消耗型经营项目和生态旅游业，制定了特许经营项目清单，推广生态畜牧业，发展生态产业。为实现智慧管理，建设智慧若尔盖国家公园，整合高新技术，包括通信、网络、人工智能等，运用先进的监测和数据分析技术，建立全域三维实景多要素数据库，搭建科研合作平台，吸引国际国内科研人才参与相关研究和应用若尔盖国家公园建设（见表6-1）。

表6-1　若尔盖国家公园各项工程建设情况

工程名称	建设内容及规模
保护基础设施	完成若尔盖国家公园勘界定标，改造提升保护站点11个，新建保护站点9个，配套建设管理用房、业务用房、巡护道路等基础设施
生态修复项目	实施退化湿地保护修复、退化草原生态修复、沙化土地治理、鼠虫害综合治理以及黄河干支流生态河堤整治等系列生态修复工程，实施规模1000万亩。开展黑颈鹤、草原狼、红花绿绒蒿等生物多样性保护
入口社区建设	在若尔盖县班佑、红原县瓦切、阿坝县贾洛等地建设7个入口社区和6个特色小镇。搭建生态体验和自然教育平台，探索建立若尔盖国家公园环境教育职业学校，建立科普宣教展示基地
智慧国家公园建设	建设若尔盖数字国家公园全域三维实景多要素数据库，建设控制中心1处，建设“天空地人”一体化智慧平台，建设固定监测点100个。拓展数字应用场景，建设数字牧场3处、草畜一体化管理终端3套、益农信息社10处

五、全面建设大熊猫国家公园

大熊猫是四川生物多样性保护和国际交流的重要象征。建设大熊猫国家公园是推进自然生态保护的重要举措。在确保正式设立的前提下，坚定地将其定位为最严格的保护区，努力将大熊猫国家公园打造成世界生物多样性保护的典范，展示国家形象。四川省进行了自然资源资产的调查、确权和标识，包括土地、森林、草原、水资源（包括湿地）和野生动植物资源，构建了自然资源资产的评估方法和体系，建立了四川片区的自然资源资产数据库。也对边界线和功能分区进行了界定，设置了界碑、界桩和界牌，完善了标识和门禁系统，并建立了勘界标识系统数据库。此外，有序地退出了国家公园范围内的矿权和小水电项目。强化了重要栖息地的保护与修复工作，特别是大熊猫主食的竹林保护。在大熊猫栖息地适宜地区种植当地树种和大熊猫爱吃的竹子，更新和复壮竹林，扩大了竹林的面积。还进行了全域潜在栖息地的改造，改善了生境，恢复了受损的山体林草植被，加强了野生动物通道的建设。积极推动大熊猫关键生态廊道的建设，连接和融合栖息地斑块，促进基因交流。在国家公园内已建和拟建的工程设施中考虑了种群交流的需要，合理确定了建设通道的方式，为大熊猫留出通道，并进行了生态修复工作。还加强了对旗舰物种和同域物种的保护，开展了野生大熊猫、雪豹、金丝猴等物种的综合调查和监测，建立了遗传档案信息数据库和体细胞库，加强了大熊猫的保护和疫源疫病防控工作。努力构建社会协同管理机制，支持示范社区的建设和原住居民点的优化，推进原住居民的搬迁，创新自然资源有偿使用机制，开展各类生态活动，发展绿色产业，支持社区居民的参与，并推行原生态产品认证。

六、高效率推进高质量发展

2022 年 8 月，四川饲草创新团队前往红原县和阿坝县进行了饲草产业调研活动，与当地牧民进行了交流，探讨了种草养畜、牧民饲草生产以及牦牛养殖等相关情况。他们向牧民赠送了梦龙燕麦种子并详细解释了种植和利用方法。这一活动对促进本地区饲草产业的发展、提高饲草产业的科技含量和综合效益都起到了积极的作用，并对牧区乡村振兴产生了积极影响。

2022 年 7 月，石渠县人民政府发布了《关于加快推进石渠县牦牛优势特色产业集群建设的实施意见》和《亚克甘孜石渠县牦牛优势特色产业集群建设规划和三年行动方案》，明确了发展目标，为高质量建设牦牛产业集群提供了指导。

2022 年 10 月，甘孜藏族自治州人民政府发布了《关于加快推进甘孜牦牛产业集群建设的实施意见》，为石渠县大力发展现代牦牛产业提供了重要支持。

2023 年 1 月，《若尔盖县牧草产业发展规划（2023—2030 年）》提出了着力打造若尔盖牧草产业发展环线的目标，这对保障若尔盖县的草地生态保护和畜牧业的可持续发展具有重要作用。

四川省第十二次党代会提出，支持川西北生态示范区加强生态环境保护和发展，打造世界级优质清洁能源基地。这为阿坝州和甘孜州建设国家级清洁能源基地和推进四川黄河流域清洁能源产业的发展提供了重要支持。阿坝州和甘孜州都采取了措施来加快清洁能源的开发，包括光伏和水光互补等模式，以及相关基础设施建设项目。这些举措旨在带动相关产业和地方经济的发展。

第三节　若尔盖县在筑牢长江黄河上游生态屏障上持续发力

若尔盖县位于青藏高原东部边缘地带，是长江黄河上游重要的水源涵养区和生态屏障。该区域生态系统脆弱，地理位置重要。通过沙化治理、湿地修复、草原生态修复等生态建设项目的开展，若尔盖县林草覆盖度逐年增加，湿地功能逐步恢复。通过生态文明示范区建设，推进生态管治护一体化，一批生态领域的突出问题得到解决，促进了区域内生物多样性保护。聚焦污染防治攻坚战，紧扣生态质量考核目标，全力打好蓝天、碧水、净土三大战役，环保设施不断提升，环境质量持续优化。2018年若尔盖县荣获全省唯一一个“生态文明建设贡献奖”，用实际行动践行了“绿水青山就是金山银山”的理念。

一、总体情况持续向好

（一）生态环境质量持续向好

“十三五”期间，通过开展大气污染监测与持续防治，2020年若尔盖县空气质量优良天数达366天，优良天数比例达到100%，SO_2、NO_2、CO、PM_{10}、$PM_{2.5}$和O_3均达到《环境空气质量标准》二级标准，$PM_{2.5}$平均浓度11.2微克/米^3；臭氧平均浓度为118微克/米^3。通过改建扩建污水处理厂、开展农村生活污水治理等工程，县城生活污水集中处理率达80%以上，城镇污水管网覆盖率达85%以上。多数水体达到《地表水环境质量标准》Ⅰ类、Ⅱ类标准，主要河流水质均优于Ⅲ类，水环境质量全部达标。饮用水源达标率100%。县城区生活垃圾和餐厨垃圾收转运100%覆盖，各乡镇生活垃圾收转运覆盖率为

80%，生活垃圾无害化处置率为 96.5%。工业固体废弃物处理率达 100%。区域环境噪声达到或优于国家标准。深入实施了土壤污染的监测与预防措施，土壤环境质量总体稳定，无超标污染因子。持续推进封山育林等工作，林地保有量连年增长，森林覆盖率从 9.9%增长到 10.3%，城镇绿化率达到 18%。总体上实现了若尔盖县天蓝、地绿、水清、土净的生态环境。

（二）自然生态保护成效明显

经过多年持续治理，人为活动引发的水土流失已得到有效控制。“十三五”以来，若尔盖县大力开展草原围栏建设、退化草原改良、人工草地建植、沙化草地治理、草原鼠虫害治理等工作，治理沙化土地 25195.15 公顷，鼠虫害治理 3003 公顷，沙化面积由 8.03 万公顷下降到 7.26 万公顷，治理区域中平均植被覆盖度上升 10%，沙化危害趋势得到遏制。全面加强湿地保护和修复、强化湿地生态恢复及野生动植物监测、落实湿地自然保护区管理，积极推进湿地国家公园建设，提高湿地保护率。2009 年以来，保护沼泽湿地面积 2759 公顷，治理湿地沙漠化 1374.60 公顷，恢复湿地区域植被 6400 公顷，若尔盖县湿地保护核心区不断扩大，高寒沼泽湿地生态系统得到妥善保护，大幅改善了湿地生态系统功能，黑颈鹤等珍稀野生动植物数量稳步增长。通过开展林业有害生物防治监测、森林草原防火等工作，全县无重特大森林病虫害、森林草原火灾发生，已实现连续 48 年无森林火灾目标。“十三五”期间若尔盖县自然生态保护持续推进，保护成效明显。

（三）减排目标任务全面完成

持续加大污染物减排工作力度，落实建设项目环评制度，防止高排放高污染源形成，严格执行新建项目污染物排放总量控制制度和重点污染源排污许可证制度，建设项目环保设施“三同时”竣工验收。

强化现有污染物处理设施运行管理，打击非常规使用环保设施，偷排、漏排和超标排放污染物等行为。县城生活污水处理厂污染源在线监测设施的建设和运行管理基本完成，“十三五”末期，若尔盖县化学需氧量削减量为450.64吨，氨氮削减量为48.60吨，二氧化硫削减量为104.21吨，氮氧化物削减量为16.10吨，挥发性有机物削减量为5.11吨，全面完成“十三五”时期州政府下达的主要污染物总量减排目标任务。

（四）产业生态化势头良好

积极发展绿色工业和生态旅游业，加快构建清洁能源示范基地，强力推进光伏治沙、风能发电等清洁能源项目。大力发展飞地经济（现有南湖、秀洲两大飞地园区已建成使用）、园区经济、基地经济。建成若尔盖县生态产业融合发展园区（产业扶贫基地），逐步形成三个工业园区绿色工业体系。2020年农林牧渔服务业总产值达21.19亿元，同比增长4.8%。畜牧业年产值8亿元以上，稳居全州第一，农牧业产业化经营格局初步形成。以全域旅游创建为抓手，创建花湖为省级生态旅游区，借助“若诗若画若尔盖”品牌效应，形成以2家AAAA级景区、3家AAA级景区组成的A级旅游景区集群，2020年旅游人次达276万次，旅游接待收入19.6亿元。建成电子商务公共服务中心，通过互联网技术改造提档，成功孵化1家企业的线上销售平台，同时开展“一户一码”助推电商扶贫。电子商务服务资源和县内企业的业务进行有效对接，有效促进区域内产业的高效绿色发展，获得“全州县域经济先进县”荣誉称号。

（五）生态文明体系不断完善

制定《若尔盖县国家生态文明示范县创建工作方案》，为正式启动实施生态示范县创建工作做好准备。基本核定废水、废气、固体废物、危险废物来源，开展排污许可证核发及备案，推进生态环境保护综合执法。严格落实“党政同责、一岗双责”主体责任，深入开展安全生产大检查、九大专项整治行动，排查整治各类安全生产隐患 218 处，治理地质灾害 7 处。境内主要河流、湖泊实行河（湖）长制（各级河长 84 名、各级湖长 20 名），实施执行“一河（湖）一策”，全面加强现有断面水质以及集中式水源地饮用水源的监测工作，统计并整治黄河、嘉陵江入河排污口与雨水口，实现对河流、湖泊的有效管理。持续推动环保宣传教育工作，重点对污染防治、节能减排、环境保护、环保行政执法、环保行政审批等方面开展宣传，有效增强公众对生态环境保护的科学认识和监督意识。以全国生态补偿试点县为基点，重点开展湿地、森林、草原的生态补偿工作，生态补偿标准显著提高，补偿范围不断扩大，补偿成效明显。

二、存在的问题和压力

若尔盖县生态环境保护和生态湿地修复取得了突出成绩，但在环保基础设施及能力建设、绿色发展水平和生态文化建设等方面还存在不少困难和问题，离四川省和阿坝州政府的要求、公众期待及自身发展目标还有一定差距。

（一）生态环境质量有待进一步提高

若尔盖县是长江黄河上游重要的水源涵养区和生态屏障，该区域生态系统异常脆弱，城乡建设、产业发展、交通水利、旅游等方面的开发建设活动对生态环境造成了明显影响，经济建设与生态环境保护的矛盾日益突出。若尔盖县旅游业发达，但环保基础设施相对落后，游客产生的污水和固体废弃物未得到全面处理，对当地生态环境和野生生物造成危害。草地退化问题较普遍，冬春牧草地的放牧时长达 7～

8 个月，大部分牧区草原存在过牧现象，过载率超过 10%，生物多样性难以维持。草原虫鼠害问题依旧严重，危害面积为 450 万亩，占可利用草地面积的 46%。草原斑块状沙化区域顽固，治理难度大，沙趋地面积存量大。此外，饮用水偶发性超标、垃圾填埋场负荷大、危废处置不规范及冰雹、干旱和霜冻等因素使得生态环境形势更加严峻，保护刻不容缓。

（二）环保基础设施建设滞后

若尔盖县内仅唐克镇和达扎寺镇各设有一座污水处理厂，农村环保基础设施建设严重不足，缺乏整体污水处理措施，全县 88 个村庄中有 31 个村庄未完全实现生活污水治理，且管网覆盖不全面、排水设施不成系统，经常阻塞，无雨污分流。垃圾处理处置设施尚不能满足需求，若尔盖全县仅有一座生活垃圾卫生填埋场，现场考察判断该填埋场将在两年内达到填埋上限。偏远乡镇缺乏垃圾中转站，垃圾收集、运输体系不畅，收集转运覆盖率仅能达到 80%，垃圾处理多为就地集中焚烧填埋。畜禽养殖总体规模较大，多为散养、监管困难，给水环境保护带来压力。农村地区饮用水水源地分散点多，饮用水水源地划定、调查评估、水质监测、规范化建设滞后。旅游景点的基础设施及其他配套设施仍十分欠缺，大量旅游人口集中在夏季进入，垃圾和污水收集处理困难，对环境形成巨大压力。交通联系较弱，运输方式单一，过多依赖道路运输，运输成本高，时效性较差。

（三）环保监管能力有待提高

若尔盖县现有的环境保护监察机构及制度不健全，保护职能分散交叉，政府和有关职能部门监管责任难以落实，导致环境监管难度加大。保护区管理部门没有行政执法权且管理制度不完善，主要表现在巡护制度、奖惩制度、绩效考核制度、领导班子议事制度等方面，对保护区的管理力度有限，执法成本高。环境监测设施缺乏，境内仅有一个省级环境空气自动监测站，无土壤污染监测设施。设有三个县域水质监测控制断面，每一季度对水质进行一次监测，监测频次不足。由于缺少生态环境专业技术人才、现有人员专业素质不高，科研、监测及应急方面能力不足，且政府各部门配合和联动能力弱，使得若尔盖县在地质灾害、水土流失、森林火险、森林和草原病虫害的监测、预警、防范、防治等方面能力薄弱，难以应对全球气候变化背景下日益严峻复杂的自然灾害形势。

（四）生态产品价值实现不足

若尔盖县绿色发展对自然条件依赖较大，以基础畜牧产业为主，其产业增加值占若尔盖县生产总值的40.8%，但产业链短，县境内的畜产品加工企业多为单一的肉产品粗加工，附加值低。第二产业发展滞后，产业增加值仅占生产总值的3.8%，且产业不成规模，模式单一，布局分散。农牧民人均可支配收入的80%仍来源于草原畜牧业，收入来源单一，对草原依赖程度过高，增收缺乏持续稳定的基础。旅游业竞争力弱，文旅融合缺乏深度，基础设施落后、相关专业人才队伍薄弱。若尔盖县生态产品价值变现的路径缺乏，生态环境保护效益不足，绿水青山尚未很好地转化为金山银山，区域社会经济发展水平不高，整体上还处于较落后的农牧业经济。短板多、约束多、任务多，家底少、要素少、路径少仍然是若尔盖县的基本县情。

（五）生态环境本底脆弱

若尔盖县是四川省主体功能区规划的重点生态功能区，是建设黄河上游生态屏障的重点和难点地区，保护要求高。区域内地质构造活动强烈，海拔高寒，局部气候和水文情况都会加剧水土流失，是典型的生态脆弱区，破坏的后果难以逆转。黄河流经若尔盖县，经过数次改道，留下大量沙源。若尔盖县降雨集中于5～7月份，易形成洪水，冲刷两岸草地。若尔盖县日均风速大于5米/秒的天数有100天左右，在干旱风蚀、水蚀作用和人类活动干扰下，易导致边缘带固定沙丘活化和耐沙植物死亡，造成沙化入侵。未来导致水土流失的各种自然因素仍将长期存在，局部区域草原的“三化”问题依然存在，雪灾、旱灾、虫灾、鼠灾、泥石流时有发生，一些珍稀动植物资源可能逐渐消失。若尔盖地区是维系国家生态安全的关键区域，是长江黄河上游最重要的生态屏障，若尔盖高原是我国生物多样性关键地区和世界高山带物种最丰富的地区之一，生态地位极为重要，全县2/3的区域被纳入保护区范围，生态环境保护责任重、压力大。

（六）经济社会发展对生态环境保护的压力巨大

根据四川省的主体功能区规划，若尔盖县属于限制开发区域，全县2/3的面积被划为生态保护红线范围，各级自然保护区内禁止或限制生产经营活动，资源开发和经济发展受到严重制约。作为革命老区，若尔盖县曾是深度贫困县，经济总量小，基础设施落后。长期以来经济发展滞后，2019年城乡居民人均收入低于全国平均水平15%左右。产业结构单一，当地民众的生产生活严重依赖草原、森林等，自然资源开发强度大，局部地区超过其承载能力。生态保护与区域经济社会协调发展的矛盾突出，牧民致富与草原生态保护尚未平衡，生态环境保护任重道远。

（七）环保短板多，持续监管能力弱

若尔盖县生态保护与环境整治阶段性成效明显，但依然面临短板多、约束多、任务多、家底少等问题。若尔盖县经济发展落后，财政收入低，高原生态项目建设缺乏后期管护专业人员。环境管理仍为多部门、分散化管理，未形成全面保护、系统保护的体制机

制。环境治理仍以点线状修复为主，缺乏综合、系统的治理规划。生态保护资金以中央、省级财政补助为主，多元化的保障机制有待进一步完善。生态补偿通过中央政府专项财政转移支付形式实现，职能部门在各自业务领域开展专项生态补偿工作，不能有效整合利用生态补偿资源。

三、迎来的机遇

若尔盖县作为国家级生态功能保护区，主导生态功能是水源涵养，同时具有径流调节、生物多样性保护、水土保持、沙化控制、调节局部区域小气候、环境自净及固碳等辅助生态功能，被誉为黄河上游的“中华水塔”。“十四五”期间国家对生态环境保护提出了更高的要求，若尔盖县在生态建设和环境保护上迎来了难得的历史机遇，但也面临比以往时期更多、更难以预见的风险和挑战。若尔盖国家公园已纳入黄河流域生态保护与高质量发展规划纲要、国家公园总体布局等国家规划中，立足若尔盖县作为长江、黄河上游生态屏障要地、重要水源涵养地、世界最大高原泥炭沼泽湿地、地球之肾、固体高原水库等独特生态地位优势，用好国家生态综合补偿试点县政策红利，统筹推进若尔盖国家公园建设，全力争取更多重大（点）生态项目，引领和促进高质量发展。

（一）黄河流域生态保护和高质量发展的国家重大战略

黄河流域生态保护和高质量发展是事关中华民族伟大复兴的千秋大计，已纳入“十四五”时期国家重大战略规划。抓住黄河流域生态保护和高质量发展、建设黄河国家文化公园两大战略机遇，稳步推进“一地三区、五个若尔盖”高质量建设，促进基地园区集聚成型，彰显生态改善红利；全力争取智慧监测、堤防建设、河道整治、生态修复、湿地保护、污水治理、退牧还草、科普教育等重大项目，统筹推进山水林田湖草沙冰综合治理，坚持筑牢黄河上游生态屏障、打造县域经济先进县和最美高原湿地生态旅游目的地，建设黄河上游生态保护和高质量发展示范县。

（二）西部大开发的重大战略机遇

根据西部大开发新规划，未来很长一段时间，国家还将会继续推动以西部大开发为内核的区域经济协调发展总体战略，重点工作包括加快西部地区基础设施建设、促进体制机制创新、加强生态建设和环境保护（见图6－1）。国家构建国内大循环的国家重大战略部署、推进“一带一路”建设、新时代西部大开发、成渝地区双城经济圈建设、川西北生态示范区建设等普惠性政策叠加汇集。抓住西成铁路、郎川高速、通用机场等重大交通项目机遇，加快构建川甘青结合部“铁公机”立体交通枢纽，充分提升“大走廊”优势，提升通道枢纽地位。

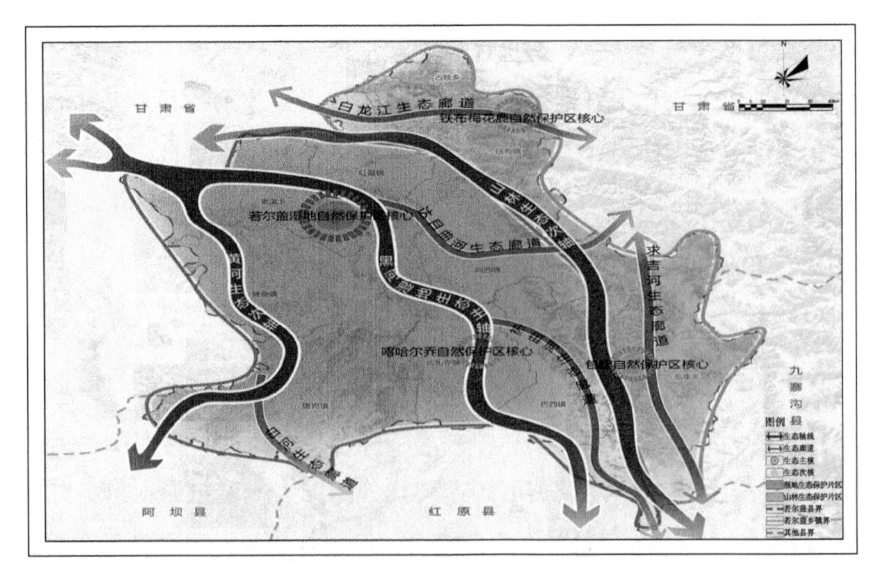

图6－1　若尔盖县域生态保护

第四节　康定市在筑牢长江上游生态屏障上持续发力

一、康定市高度重视生态保护修复工作

康定市始终坚持“绿水青山就是金山银山”发展理念，持续探索“两山”之路实践，生态环境保护发生了历史性、转折性、全局性的变化，在全面加强生态保护的基础上，不断加大生态修复力度，持续推进大规模国土绿化、林草生态修复、河道综合治理、水土保持、土地综合整治、矿山环境恢复治理、地灾防治等重点生态修复工程，在生态环境治理方面取得了显著成效。全市自然生态环境状况持续向好，生态服务功能逐步增强，“山顶戴帽子、山腰挣票子、山下饱肚子”的立体生态格局基本形成，生态治理卓有成效。

康定市对接国家战略、对准社会需求、对照现实问题，立足康定市自身特点和发展定位，坚持生态保护、生态修复与生态建设并重，提高生态系统自我修复能力，提升生态系统质量和稳定性，优化生态保护修复格局，保护重要的、关键的、影响城市生态安全的自然生态系统，将康定市建设成为长江上游生态屏障。推动绿色低碳发展，多措并举促进生态产品价值实现、转化与外溢，打通“两山”转换通道，增强生态系统碳汇能力，提高生态产品供给能力，将康定市建成全国生态文明示范区。促进城乡环境的净化、美化、活化，改善提升城乡人居环境，提升城市宜居品质，建设美丽宜居城市，将康定市打造为成渝双城经济圈“后花园”。

二、尊重自然地理规律，构建生态修复格局

综合考虑不同区域生态功能、用地类型、自然条件、生态区位、

资源禀赋、景观变化及社会经济差异性，构建康定市“两屏-四区-多廊-多点”的总体生态修复格局（见图6-2）。

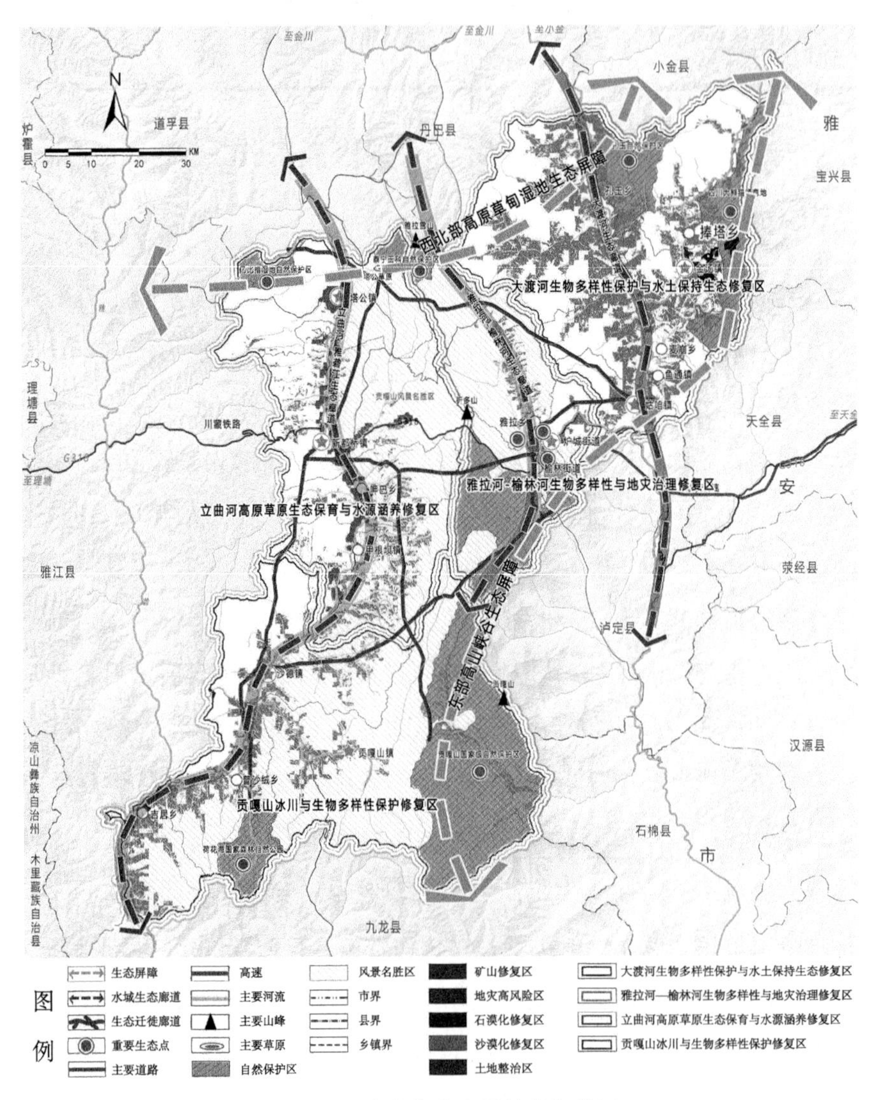

图6-2 康定市生态保护修复格局

两屏：沿金汤孔玉自然保护区、世界自然遗产大熊猫栖息地、贡嘎山自然保护地形成的东部高山峡谷生态屏障；沿雅拉雪山、塔公草原、亿比措湿地自然保护区形成的西北部高原草甸湿地生态屏障。

四区：大渡河生物多样性保护与水土保持生态修复区、雅拉河-榆林河生物多样性保护与地灾治理修复区、立曲河高原草原生态保育与水源涵养修复区、贡嘎山冰川与生物多样性保护修复区。

多廊：沿大渡河、雅拉河-榆林河、立曲河与雅砻江水网形成的 3 条水域性生态廊道和 12 条重要的生物迁徙廊道，以及数量众多的潜在迁徙廊道。

多点：多个具有生态功能的湖泊、湿地、水源地保护区、风景名胜区等生态源点。

三、注重生态修复分区，落实空间修复格局

基于康定市生态保护修复总体格局，传导落实州级国土空间。生态修复规划分区和生态安全格局，结合康定区域生态安全屏障地位、生态系统服务功能重要性评价和生态脆弱性评价结果，以重点流域和重要山脉为基础单元，突出自然地理和生态系统的完整性和连通性，综合划定四大生态保护修复分区：大渡河生物多样性保护与水土保持生态修复区、雅拉河-榆林河生物多样性保护与地灾治理修复区、立曲河高原草原生态保育与水源涵养修复区、贡嘎山冰川与生物多样性保护修复区。

四、基于生态红线，确定生态修复重点区域

结合州级生态修复规划重点区域，康定生态安全格局和自然保护地、生态保护红线，在边界模糊、所属空间不明确的区域，以问题为导向，综合评价水土流失、石漠化、沙漠化等生态脆弱、生态退化、地质灾害问题突出的区域，并统筹各部门生态修复任务区域，确定生态保护修复分区下的四大重点区域即大渡河水土保持与石漠化重点修复区域、雅拉河-榆林河地灾治理与城乡环境提升重点修复区域、立曲河沙漠化与土地整治重点修复区域、贡嘎水土流失与地灾治理重点修

复区域，并明确重点任务和修复措施。

五、合修复分区，确定主要任务和重点工程

一是结合修复分区存在的主要问题，按照各片区优先设置的任务，因地制宜地实施生态系统质量提升与生物多样性保护、水土流失治理与区域生态环境修复、水环境综合治理与水质提升、人居环境整治、土地整治与修复 5 项任务。

二是在国土空间生态修复总体布局、生态修复分区的基础上，以重点区域为指引，根据生态问题的紧迫性、严重性和生态系统的退化程度和恢复能力，落实生态保护修复重大工程目标任务，谋划布局全市 4 个重点工程（见图 6－3），合理安排工程时序。坚持宜林则林、宜草则草、宜荒则荒、宜湿则湿等原则，解决区域突出生态问题、恢复受损生态系统功能、改善生态系统质量、增强生态碳汇能力，充分发挥国土空间生态保护修复工程综合效益。

六、筑牢生态屏障，注重综合效益

在生态方面，生态系统面积和质量将不断提高，生态系统保护与恢复 835.42 万亩，森林生态系统可保持水土 584.52 万吨，涵养水源 31.67 万吨，固定二氧化碳 9483.18 万吨，制造氧气 7112 万吨。水土流失得到有效控制，水土保持能力得到显著增强，完成综合治理水土流失面积约 1199.94 平方千米。通过生态退耕、石漠化综合治理、实施全域土地综合整治，实施高标准农田建设，完善农业基础设施配套，耕地质量提高 0.5 个等别。矿山地质环境改善，地质灾害工程治理加强。经济方面，提升生态服务价值，助力旅游业绿色发展，通过建设用地、耕地指标交易、碳交易等项目增加财政收入 44.56 亿元，生态服务价值不低于 106.26 亿元。改善区域生态环境质量，间接拉动经济

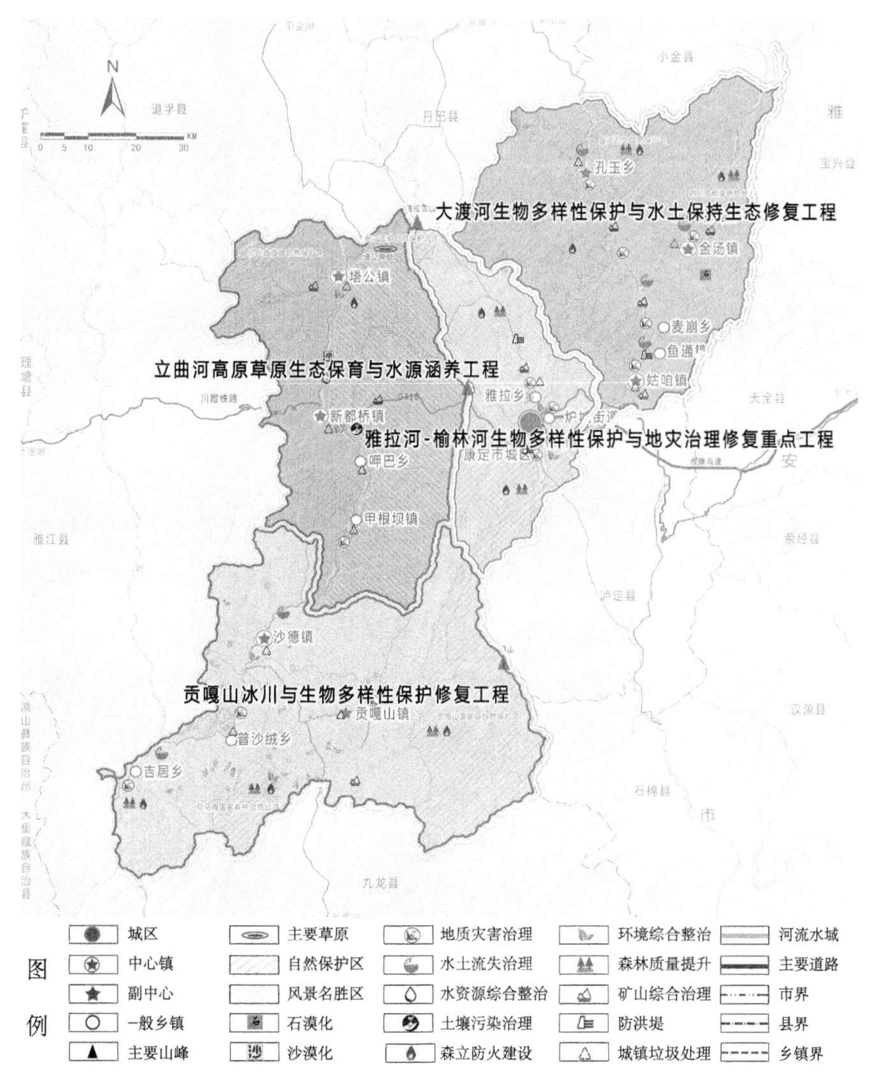

图 6-3　康定市生态保护修复重点工程

发展。区域生态环境质量的提升会极大改善当地旅游、投资、消费等环境，促进康定市全域旅游和生态发展。在社会方面，改善城乡人居环境质量，提高人民群众幸福感，提升城市韧性、竞争力。树立生态生产和生态生活意识，维持地区社会稳定，促进一二三产业结构调整及优化，引导生态农业发展和产业生态化发展，优化区域社会经济发展结构，促进居民就业，改善农牧民生产生活条件，提升生产生活品质。

第七章

安宁河流域在筑牢长江黄河上游生态屏障上持续发力

凉山彝族自治州位于四川省西南部，既是全国最大的彝族聚居区和四川民族类别、少数民族人口最多的地区，又是攀西国家战略资源创新开发试验区的核心区域，凉山州是全国最大的彝族聚居区，金沙江、雅砻江、大渡河纵贯全境，幅员 6.04 万平方千米。从生态区位上看，凉山州是长江上游重要生态屏障建设区，是全国“黄土高原-川滇生态屏障”的重要组成部分。全州 17 个县（市）中有 14 个位于国家层面的限制开发区域（重点生态功能区）——川滇森林及生物多样性生态功能区，占全州总面积的 81%，是全省乃至全国生物多样性保护的重点地区，更是长江上游重要的生态屏障。

第一节　推动碳排放稳步达峰，打造绿色能源富集区

一、统筹区域绿色协调发展

加强生态环境分区管控。根据区域的自然生态特点和资源分布，紧密衔接国土空间规划，协调生产、生活和生态空间布局，全面建立以“三线一单”为核心的管控体系。凉山州划分为 67 个管控单元，其

中生态保护红线包括33个管控单元，这些区域包括四川大凉山谷克德国家湿地公园、邛海国家湿地公园、四川鸭咀省级自然保护区等，原则上禁止人为活动，其他区域严格限制开发和生产建设活动。一般生态空间划分为34个管控单元，实施精细化和差异化的生态环境保护管理，严格遵守生态环境分区管控要求。同时，加速推动新的空间发展格局建设，按照主干辐射、五区发力、协调联动、一体发展的原则，增强“主干”辐射功能，推动西昌成为全面建设攀西经济区中心城市、川西南重要的经济、科技等中心和区域性现代立体综合交通枢纽，打造经济高质量发展的示范区。壮大“五区”，根据东西南北中区域中心城市的定位，支持昭觉、盐源、会理、越西、西昌等地打造凉山州未来发展战略新空间和重要增长极。加快建设四川南向开放的重要通道，全面发展清洁能源产业、新材料产业、优质农产品供应基地和阳光康养度假旅游目的地，进一步加强长江上游重要生态屏障。推动区域协调联动，协同创建国家钒钛新材料产业创新中心，构建攀西经济区联动发展新格局。促进会理、会东、宁南南向开放一体化发展区的转型和发展，支持甘洛、雷波、会理等城市提升开放门户功能，打通全域开放通道。强化城乡一体化发展，全面推进城乡融合。加速推动安宁河谷同城化发展，以同城化为手段建设大西昌都市圈，培育安宁河谷城市群，推动西昌、德昌、冕宁、喜德等地的同城化发展。发挥西昌的核心引领作用，强化德昌、冕宁、喜德等地区的经济、文化、教育、医疗中心和综合交通枢纽功能，优化城市空间，培育现代产业，引导产业集中发展，提升城市发展水平，统筹土地整治，推动钒钛、稀土产业和河谷高效农业的集聚发展。构建川西南地区的中心支点，建设世界级的“中国安宁河谷”，加速绿色崛起，引领共同富裕，打造未来的山水田园谷，树立民族地区共同富裕的新典范，建设大凉山高质量发展的新高地，创建绿色低碳生态文明的新样板，建设改革开放和治理体系的新标杆。构建国家、省、市（州）、县（市、区）梯次推进的现代农业园区发展格局，推动农业园区升级，支持现有五星级园区创建国家现代农业产业园。同时，建设清洁能源基地和钒钛稀土战略资源创新开发应用基地，推动产业集群发展，培育国际竞争力企业集团，加快建设世界级的钒钛产业基地和全国重要的稀土研发制造基地。大力发展节能环保和氢能源等战略性新兴产业，推动产业数字化，培育工业互联网平台，促进信息技术与实体经济深度融合，推动平台经济和共享经济的健康发展。

构建低碳产业发展体系，加快淘汰落后产能。实行负面清单与鼓励类产业目录相结合的产业政策，严控产能过剩行业新增产能，严格执行产能置换，坚决遏制“两高”项目盲目上马。对工业领域能耗高、污染重的重点用煤领域的工艺装备技术改造，尽快淘汰落后窑炉、锅炉，推广应用清洁高效的新型燃煤锅炉，加快老旧工厂的燃煤锅炉淘汰及改造工程。针对过剩、淘汰落后产能，开展差别化环境管理，对其能耗物耗限额、污染物排放、安全标准等指标提出严格的管控要求，倒逼竞争乏力的落后产能淘汰退出。加快推进金沙江、安宁河及其支流沿线存在重大环境安全隐患的生产企业就地改造、易地迁建、关闭退出。优化工业园区运营机制，创新园区发展模式，建立健全入园退园机制，提升产业园区建设管理水平，加快推进城市建成区高污染企业迁入工业园区、技术改造、关闭退出，严防“散乱污”企业反弹。

建设现代特色农业基地。深入开展耕地保护与质量提升行动，加强基本农田保护，持续推进高标准农田建设，稳定粮食播种面积，提升优质粮油生产能力。实施优质粮食工程，加快粮食仓储设施和粮食应急物流体系建设，完善粮食调控体系、应急保供体系、质量安全保障体系，打造四川第二大粮仓。发挥立体气候优势，优化现代综合立体农业发展布局。低山河谷地区利用雅砻江、金沙江流域充足的光热条件，建设雷波脐橙、会理石榴、会东牛油果等亚热带水果规范化基地、早市蔬菜规范化基地和现代花卉产业基地，创建一批带动性强、综合效益好的特色现代农业园区。高二半山地区突出生态优势，建设高山夏秋蔬菜、马铃薯、苦荞、烟叶、道地中药材、名优水果等特色经济作物规范化基地，打造核桃、花椒、油橄榄等林业特色优势区，发展特色养殖业，建设现代草食畜牧业基地，积极培育凉山农特产品加工体系和凉山农特产品加工园区体系，打造攀西现代农业产业融合示范园区。以安宁河谷地区重点园区为抓手，大力发展生态循环农业和智能农业，以全农业过程技术集成为重点，建设全国的“中国种养技术中心”，打造凉山安宁河谷农业硅谷，发展现代农业体系。

推动工业绿色升级。大力发展“4＋1”产业体系，加快建设“六大产业集群”。大力开发超导材料、磁性材料、钒精细化工等终端应用产品，支持有色金属、磷化工等行业重组整合、优化提升。加快打造生物医药和食品精深加工全产业链。重点推进德昌、喜德等大数据项目，积极发展人工智能、区块链等新经济。全面推行钢铁、有色金属、冶金、建材、化工等传统领域的企业绿色化改造，不断提升资源能源利用效率、削减污染物的排放。大力发展以低碳为特征的节能环保、新能源、生态旅游等新兴产业，推动环保产业链上下游整合，积极发展环境服务综合体。大力培育发展科技含量高、资源消耗低、环境污染少的先进制造业，统筹布局大数据中心、5G网络等项目，打造一批清洁生产先进企业，推进发展技术先进的现代制造业。

提升现代服务业绿色水平。加快构建凉山州“4＋4”现代服务业体系，实施服务业“八大行业提升行动”，分类推进现代服务业先行发展区、传统服务业提升发展区建设。完善康养产业布局，推进康养产业制度供给和政策落实，建立多元投资体制，支持西昌建设换季办公总部基地和运动康养基地，打造成渝地区和川滇结合部康养旅游度假“后花园”。西昌、德昌、冕宁、喜德四城联动、功能协同，推进文旅协同区建设，做优文旅服务产业体系，构建“一谷串联、四区联动、十点发力、六大高地”的网状休闲群落，打造国际阳光康养目的地，

创建凉山州全域旅游创新先行示范区。积极推进运输方式绿色转型，促进大宗货物运输“公转铁”“公转水”，有序推进溪洛渡、白鹤滩、乌东德翻坝转运体系建设，加强与宜宾港和泸州港合作，拓展与长江中下游城市交流，推进铁水、公水联运，建成川滇结合部重要区域物流枢纽。

二、提升资源开发利用效率

加快清洁能源的开发和利用，推进“一通道四基地一屏障”建设，完善清洁能源产业体系，构建现代能源网络系统，发展科学开发、链条延伸、就地转化和高效外送的清洁能源产业。有序推进水电开发，协同推进金沙江、雅砻江水电基地建设，有序进行中型水电开发，优化水电结构，综合管理流域。配合建设乌东德、白鹤滩、杨房沟等水电站，继续推进卡拉等水电项目。有序推进德昌县腊巴山、会东县小街等风电项目，控制基地外风电开发。扎实推进光伏开发，在安宁河谷及金沙江流域既有风、水电基地周边，建设大型集中式光伏基地。根据地理条件，开发新能源，以金沙江流域和雅砻江流域为重点，规划建设水、风、光一体化可再生能源综合开发基地。深化水电消纳示范区建设，支持钒钛、钢铁及相关产业，推动大数据、新型电池、电解氢等绿色高能源产业项目的电价支持。根据电网和市场条件，有序推进凉山风电基地和凉山光伏基地建设。全面推进电能替代，推广“100%可再生能源电力”模式，包括园区、景区和工厂。扩大可再生能源在建筑、社区和村庄中的应用。积极打造国家级（零碳）清洁能源基地，支持国家清洁能源示范省建设。

同时，稳步调整能源消费结构，实施能源消耗总量和强度“双控”政策，促进风、光、水、储等能源的一体化发展，提高能源综合利用效率。重点推动工业、建筑、交通、农业农村等领域以及公共机构的节能降耗工作。加强用能准入管理，审查固定资产投资和技术改造项目的节能措施。优化用能预算管理和配置，推动能耗增量指标向民生领域、重大项目和重要产业领域倾斜。推进煤炭的清洁高效开发和利用，控制煤炭消费总量，推动高污染、高耗能企业实施“煤改气”和“煤改电”。加速推进企业清洁能源替代工程和能源消费电能替代工程，推动高污染、高耗能企业实施电能替代。加强重点用能单位的管理，实施能源消费评价和考核，进行节能监察和诊断，推动企业参与全国碳排放权和用能权交易。推广适用的高效节能降耗技术，实施一系列节能降耗和循环经济改造项目。

此外，还将加强资源的循环利用，建设国家级或省级城市废弃物资源循环利用基地，推动园区的循环化改造和企业的循环生产。在德昌特色产业新城等地，重点发展装备制造、钒钛稀土、新材料、特色农产品深加工等产业，形成循环经济产业集群。在会理有色产业经济开发区等地，重点发展铜镍矿、铅锌矿的采选冶炼和深加工产业，积极发展钒钛、铁磷锂等循环经济产业。建立可再生资源的回收、加工和利用体系，推进废弃物的生态化处理和生产资料资源的再利用。

三、促进温室气体低排放发展

开展实施二氧化碳排放达峰行动。要进行科学研判，分析碳排放的变化趋势，并制定符合战略定位、发展阶段、城镇化情况、产业特点、能源结构和资源状况的二氧化碳排放达峰路线图。在此基础上，编制 2030 年前的二氧化碳排放达峰行动方案，明确总体目标和阶段性任务。特别要制定并实施钒钛、钢铁、有色金属等领域的二氧化碳达峰行动方案，并要求年碳排放超过 50 万吨的企业制定碳达峰和碳中和行动计划。同时，需要动态监测化石能源消费和二氧化碳排放趋势，常态化编制州级能源平衡表，考虑编制县（市）级能源平衡表，以确保实现二氧化碳排放强度和总量的“双控”，并建立相应的目标责任考核机制。

此外，综合考虑区域战略定位、发展水平以及清洁能源的优势，特别是在水泥、钢铁、化工等领域，需要根据实际情况因地制宜地探索低碳转型路径，稳步推进二氧化碳排放达峰。提高温室气体管理水平，积极参与全国碳排放权交易，加强发电、建材、钢铁、化工、有色金属等行业企业的碳资产管理能力。此外，需要综合管控甲烷等非二氧化碳温室气体的排放，特别是在煤炭开采和天然气输售环节，提升甲烷泄漏的检测和收集利用能力。此外，需要加强对六氟化硫的回收利用和管理。在气候变化应对投融资方面，需要增加气候友好型项目的投资，引进低碳技术、工艺和项目。同时，可以探索建设气候金融创新示范区，如在安宁河谷同城化区域的实践。

另外，还需要增强自然空间的碳汇功能。通过开展林草碳汇发展潜力评价，了解全州的林草碳汇资源状况，并建立森林、草地、湿地等碳库的动态数据库。加强林草碳汇项目的管理，建设信息平台，推动碳减排项目的开发和市场化消纳，促进林草碳汇的交易，以满足大型赛事等活动的碳减排需求。

最后，需要主动适应气候变化的影响。将适应气候变化的理念和要求融入城市发展目标和规划中，考虑气候变化风险，加强极端天气和气候事件的监测和预警，制定应对强降水、高温、低温等灾害的应急预案。同时，推动河流的综合治理，提高水利设施的适应气候变化能力，构建城市良性水循环系统。还需要加强对极端天气和流行性疾病的健康预警和应对措施。

四、构建绿色低碳生活模式

提高城乡建设低碳水平。要推动旧城的绿色更新改造，延长建筑物和构建物的使用寿命，实现老旧建筑的改造再利用，避免大规模的拆除和重建。对于新建的居住建筑和公共建筑，应全面执行绿色建筑标准，禁止使用黏土砖，限制实心砖的使用，鼓励采用节能建筑门窗，并推广使用绿色建材。此外，积极发展被动式超低能耗建筑，鼓励采用屋顶花园、垂直绿化等方式来增强建筑的隔热性能。还应进行城市通风廊道研究，利用城市绿地和河道等公共空间，打造城市的新风系统，以减轻城市的“热岛效应”。

在城乡建设方面，可以依托新城新区、产业功能区和休闲生活区，通过优化能源结构、提高能源利用效率、增加林业碳汇等措施，探索绿色低碳的乡村振兴模式，打造一批零碳乡村振兴示范区。

另外，要加快运输方式的绿色化。建设川滇结合部的重要区域物流枢纽，创建绿色交通示范区。利用金沙江航道、成昆铁路和京昆高速公路构建铁公水联运通道，逐步减少重载柴油货车在大宗散货长距离运输中的比重。同时，要统筹利用综合运输通道和运输枢纽资源，鼓励公路和铁路共用通道。还应合理有序开发港口岸线资源，发展现代化的港口。

在交通工具方面，要加强环境准入，升级机动车、船舶和油品标准，更新老旧和高能耗、高排放的车辆，推广使用高效、节能、环保的车辆装备，包括新能源和清洁能源汽车。同时，要加快新能源汽车充电桩等新型交通基础设施的建设，以形成电动车充电网络体系，并在城市公共交通、出租汽车、城市配送、邮政快递、机场等领域推广新能源和清洁能源车辆的应用。

此外，要推行绿色低碳的生活方式，倡导简约适度、绿色低碳的生活方式。制定实施意见，推动各领域各行业发起绿色生活行动，创建一批节约型机关、绿色家庭、绿色学校、绿色社区、绿色商场、绿色酒店、绿色建筑等。同时，制定绿色消费财政鼓励政策，探索建立绿色消费积分制度，鼓励勤俭节约的绿色生活理念，减少使用一次性物品，推动绿色快递、绿色包装、绿色外卖等。还要支持建立绿色批发市场、绿色商超、绿色电商等绿色流通主体，加强废旧物品回收，建立规范的废旧物品回收设施体系。在政府采购领域，要全面推行绿色采购。

第二节　严守生态保护安全红线，探索实现“两山”价值转化

一、筑牢生态安全格局

构建长江上游生态屏障，强化木里、盐源、宁南、普格、布拖、金阳、昭觉、喜德、越西、甘洛、美姑和雷波 12 个县的国家级重点生态功能区建设，提升其水源涵养、生物多样性保护和水土保持等生态功能。在安宁河谷同城化区域，开展多层级的生态区划，清单化落实生态空间管治和生态修复任务。加强水域生态廊道建设，特别侧重于金沙江、雅砻江、安宁河等流域，以及其他支流、湖泊、水库和渠系，构建绿色生态廊道防护林体系，以增加沿江和沿河的生态系统连通性、景观特色和功能完善性功能。整合各类自然保护区、风景名胜区、森林公园等自然保护地，以增强生态系统服务功能。此外，加强川滇森林及生物多样性重点生态功能保护区（如盐源和木里）的建设，强化大小凉山水土保持生态功能区的保护和修复工作，并严格执行长江十年禁渔计划。

在构建区域林业生态圈方面，全面推行林长制，实施长效机制，确保各级党政领导干部承担保护和发展森林资源的责任。推进林业碳汇工程、生态景观林带、森林进城围城、乡村绿化美化等生态工程，改进林分管理，提升山地绿色生态屏障功能。加强天然林保护，深入

推进天然林资源保护工程，全面实施天然林管护。同时，管理国有林和集体公益林，加快实施绿化成果巩固等行动，建设自然保护区、风景名胜区、森林、江河、湿地等典型生态系统。保护古树名木，严禁移植天然大树进城。建立监测体系，确保森林面积和森林蓄积双增长。提高森林火险预警和监测能力。

加快构建生态保护监测网络，建立生态空间管控区域地理信息系统，与国家生态保护红线监管平台衔接，完善数据库，发布生态系统状况，服务生态环境监管。建设生态保护红线综合监测网络体系，加强气候变化监测。定期进行生态保护红线评价和绩效考核，掌握生态功能状况及动态变化趋势。

实施生态敏感区生态保护与恢复工程，包括湿地生态修复、岩溶地区石漠化整治、干旱半干旱地区生态治理、灾损地区生态修复、荒漠生态系统的恢复等。加强岩溶地区的治理和发展生态经济型产业。推进地质灾害防治和生态修补。恢复和保护自然湿地，加强小型湿地建设。进行水土流失治理，推进区域水土流失防治。探索建设自然生态修复试验区，推动人口退出重要生态功能区。

二、加强生物多样性保护

强化自然保护地的保护工作，重点关注美姑大风顶、冕宁冶勒、越西申果庄、雷波嘛咪泽、甘洛马鞍山、木里鸭咀、金阳百草坡等自然保护区，优化它们的空间布局。整合各种类型的自然保护地，实行统一管理和分区管控，确保自然保护地核心保护区内的采矿、水电开发、工业建设等项目有序退出。推进自然保护地的勘界和标志设置，确保与生态保护红线相衔接。强化自然保护地的监督管理，实施“绿盾”自然保护地监督检查专项行动，对生态环境问题进行整改和生态修复。加快形成森林、湖泊、湿地等多种形态有机融合的自然保护地体系。

完善生物多样性监测预警体系，包括野生动物栖息地巡护监测和疫源疫病监测预警体系。进行生物多样性资源的本底调查和评估，实施珍稀濒危物种的拯救性保护。加强大小凉山基因、物种、典型生态系统和景观的保护工作，协同构建大小凉山生物多样性生态功能区。推进濒危动物栖息地和基因交流走廊带的保护修复，以及野化放归基地的建设。大力发展乡土树种和植物，实施计划的乡土树种保护工作，划定禁伐区，提高保护管理的科学性。保护、修复和扩大珍稀濒危野生动植物栖息地和原生境保护区，继续实施重点珍稀保护植物和国家级保护动物的保护工程。开发濒危物种的繁育、恢复和保护技术，采取野化放归等措施，科学进行珍稀濒危野生动植物再引入。同时，优化野生动物救护网络。

加强生物安全措施和入侵生物防治措施，建立科学有效的外来物种防治措施和协调管理机制。研究外来入侵物种对生物多样性和生态环境的影响。重点关注紫茎泽兰、凤眼莲、空心莲子草、鬼针草、福寿螺等主要入侵生物，进行现状调查和定期监测，制定防治技术和措施，控制其发展和危害，防止非本地物种的引入。此外，实施生物多样性保护的重要工程，包括河流、干旱地区、矿山迹地等区域的保护和恢复，以及珍稀鱼类和水生生物的保护和修复工作。

三、大力推进“美丽凉山”建设

大力推进示范创建，统筹协调凉山州生态文明建设示范州创建工作，积极推动国家生态文明建设示范县、省级生态县和“绿水青山就是金山银山”实践创新基地的建设。为此，制订了梯度分批创建计划，以加快各县（市）的共创共建进程。示范创建成果将得到充分转化，国家生态文明建设示范州创建计划已经启动。评估工作将在国家生态文明建设示范县和“两山”基地展开。在实施生态文明建设创建过程中，着重探索“两山”转化和生态示范创建的经验模式，集中精力推进基本单元，如乡镇、村庄和小流域等的“两山”转化行动。生态文明建设创建资金采用“以奖代补”的方式，对验收合格并获得命名的创建主体，将提供一次性定额补助，以鼓励创新生态产品的价值实现模式。通过构建具有良好生态环境的高质量经济发展体系，以“生态＋”和“＋生态”的方式，促进生态产业的发展，创造经济增长。通过绿道和公园等载体，满足市民的生活和消费需求，加速绿道体系和公园体系的建设，提高城市的生态环境水平和生态服务功能，吸引产业、商业、住宅等项目的投资，实现共同创造价值。此外，深入推进大地景观等乡村生态工程，引导乡村生态旅游的规范发展，促进生态旅游与文化、康养等产业的融合，创新新兴生态旅游产品。还将建立生态产品的价值转化综合试验区，以形成一批可复制、可推广、可应用的生态产品价值实现创新实践模式。

同时，开展了生态产品信息普查和评估，了解各类生态产品的数量和质量，梳理凉山特色生态产品的价值实现路径和模式。尝试进行生态价值核算，首先在县域范围内试点，然后逐步推广到整个州域范围。努力建立凉山州特色的生态产品区域品牌，同时加强品牌的培育和保护。鼓励将生态环境保护与生态产品经营开发相结合，确保废弃矿山、黑臭水体、石漠化等综合整治与生态农业、生态旅游业的发展有机融合。

此外，加速培育具有地方特色的生态产品品牌，提高产品的生态溢价。依托地方资源优势，积极发展高端生态旅游、森林康养、湿地度假、野生动物观赏等产业。加快建设现代林业产业基地，发展珍稀林木和原料林、木本粮油等特色经济林和花卉苗木。建设绿色生态农业示范园区，以满足绿色优质农产品和生态产品的需求。

四、大力推进生态文化建设

推进生态文化工程。深入挖掘金沙江、安宁河、三线文化和民族文化中的生态元素，提升生态文化影响力，打造具有凉山特色的生态文创产品，建设攀西文旅经济带和阳光生态经济走廊等。支持建设一批自然教育示范基地和生态体验示范基地。加强生态文化基础理论研究，挖掘中华传统文化中的生态智慧，不断丰富新时代生态文化体系的内涵和外延，提升城市文化魅力。

加强生态文明宣传教育。深化部门协作配合，积极构建党委政府主导、部门协调推动、社会各界参与的生态文明建设“大宣教”工作格局。将生态文明纳入各级党委（党组）理论学习中心组学习和党校（行政院校）培训课程，探索纳入国民教育体系、职业教育体系。拓宽生态文明社会化宣传教育渠道，依托报刊、广播、电视等传统媒体和微博、微信、微电影等互联网新媒体，不断创新生态文明宣传教育形式。在世界环境日等重要日期开展生态环境保护主体宣传教育活动。鼓励相关企业设立开放日，向中小学生和社会公众开放企业环保设施。

第三节　加强多污染物协同治理，建设空气清洁的大凉山

一、深化工业源污染防治

推动重点行业深度治理，着重推进钢铁行业的超低排放改造，强调源头减排、过程控制和末端治理的有组织废气处理，同时协同控制多污染物，严格管控生产工艺过程和相关物料的无组织排放，并实施大宗物料的清洁运输。此外，也将推进水泥和焦化行业的深度治理，

采用高效成熟的脱硫、脱硝和除尘技术。工业炉窑将继续进行综合整治，促使城市建成区内符合条件的工业炉窑使用电力、天然气等清洁能源。对于“散乱污”企业，将加强监管，强化建设项目的环评审批备案，利用技术手段如无人机、激光雷达走航和电力监控来防止它们向小城镇和农村转移。整治工作将按照清理、整治、搬迁入园的原则进行，建立管理台账，分类实施整治，以确保“散乱污”企业的动态清零。此外，还将制订综合整治计划，坚决淘汰落后工艺和矿热炉。

在挥发性有机物（VOCs）治理方面，将严格控制 VOCs 的污染排放，对新、改、扩建项目使用高挥发性有机物原辅材料进行严格限制。攀钢集团西昌钢钒有限公司、西昌盘江煤焦化有限公司、西昌三峰环保发电有限公司等企业将成为监督重点，强化工业 VOCs 治理，推动焦化、化工等重点行业源头减排，改善储罐设施，提高泄漏检测与修复的质量，提高 VOCs 排放的收集率、去除率和治理设施的运行率，推动建设 VOCs 集中高效处理设施。

在园区污染治理方面，将推进“一园一策”废气治理要求，完成四川西昌钒钛产业园区、四川德昌特色产业园区、四川会理有色产业经济开发区和四川冕宁稀土经济开发区省级园区的“一园一策”废气治理方案编制。同时，将建立完善的园区大气自动监测监控体系，提升园区大气环境管控水平。对于安宁河流域工业走廊经久工业园区、大坪工业园区等地区的大气污染，将进行重点整治和监管。根据企业大气风险源的分布情况、企业厂界、园区边界和敏感点的分布等因素，构建园区大气点、线、面、域的四级在线自动监测网络。

二、推进移动源污染防治

优化城市交通运输结构，着力加快构建西昌城市绿色交通管理网络，强化以旧换新政策的实施力度，广泛推广新能源汽车在公路客运、出租、环卫、邮政快递、城市物流配送、机场、港口等领域的应用。同时，实施公共交通优先发展战略，建设市区微循环公交系统，规范和引导共享单车的健康发展，提升城市道路交通的智能化和精细化管理水平。党政机关在更新公务用车时，应优先选择新能源汽车，城市公交车新增和更新车辆全部采用新能源汽车。通过激励措施，鼓励市民购买新能源汽车。此外，还强调加强机动车的环保管理，制订淘汰老旧柴油货车和燃气车的目标和计划，推出柴油车提前报废的补贴政策，加速淘汰老旧车辆。通过现场抽检和遥感监测等手段强化机动车的排气路检，加强对机动车集中停放地和物流园区的尾气排放监督抽检力度。对于柴油车用车大户进行监督管理。同时，要严格执行油品质量标准，坚决取缔不合格加油站，加强对年销售汽油量大于5000吨的加油站的监管，鼓励采用油品直供模式。加大新生产机动车的抽检力度，确保年度抽检率不低于80%。加速建设区域内机动车排污监控平台，要求新注册的重型柴油货车必须安装车载自动诊断系统(OBD)。加强对非道路移动机械的整治，严格执行最新排放标准，鼓励使用节能环保和清洁能源的非道路移动机械。建立非道路移动机械动态管理台账，加强监管力度，推广使用精准定位系统和实时排放监控装置。加强非道路移动机械的作业现场管控，加大相关信息的登记和抽检力度，依法查处排放超标违法行为。划定非道路移动机械的低排放控制区，将县级及以上城市建成区纳入禁止使用高排放非道路移动机械的区域，加速淘汰老旧非道路移动机械。

三、加强面源污染治理

加强计划烧除管理和矿山扬尘治理，完善计划烧除联席会议制度，强化部门协调，开展气象和环境质量的预报，分区域、分时段进行计划烧除，同时对计划烧除活动对环境质量的影响进行评估。特别关注会理市和甘洛县，推进智能化绿色矿山建设，实施矿山粉尘实时在线监测，并提升绿色矿山建设的质量。提升城市精细化管理水平，严格执行扬尘防控长效机制，加强建筑工地、拆房工地、道路施工工地等的扬尘防控措施，落实建设单位和施工单位的扬尘防控责任，采取自动冲洗、自动喷淋、雾炮、洒水等措施，建立建筑工地扬尘在线监测与联网，打造绿色智慧工地。制定更高的道路保洁标准，优化机械化清扫设备，提高道路机械化清扫率。同时，建设城市餐饮服务业油烟综合管理平台，强化餐饮服务企业的油烟排放规范化整治，要求所有产生油烟的餐饮企业必须安装高效油烟净化装置，并定期清洗，以确保净化装置高效稳定运行。鼓励优化餐饮和娱乐业的布局，严格配套建设油烟净化和噪声治理设施。此外，还要加强对城市烟花爆竹的燃放、垃圾的焚烧、城市烧烤、熏制腊肉、祭祀活动等方面的监管。

四、加强多污染物协同控制

协同控制 $PM_{2.5}$和臭氧污染，以夏季和秋冬季为重点控制时段，以西昌市为重点控制区域，同时考虑周边城市建成区。加强监测和监管能力的建设，不断完善大气污染综合治理体系，推动大气环境质量持续改善。提升 $PM_{2.5}$和臭氧污染的协同预报预警能力，增强应对污染天气的紧急能力。制定应对轻度污染天气的工作方案，完善环境空气质量联合会商机制，建立“事前预判—事中跟踪—事后评估”模式，持续优化应对污染天气的体系，同时加强有毒有害气体的治理。

开展有毒有害大气污染物的监测，包括铅、汞、锡、苯并［a］芘、二噁英等，特别对垃圾焚烧发电厂进行定期的二噁英监测，推动重点行业实施二噁英减排示范工程。禁止露天焚烧（可能产生有毒有害烟尘和恶臭的物质），或将其作为燃料使用。积极推进大气汞排放控制，并与温室气体排放协同控制，同时加强噪声污染的防治。强化区域建设规划项目的噪声环境影响评价，适时进行声环境功能区划调整。推进交通干线的噪声治理工程，优先治理存在居民住宅且夜间交通噪声超标的道路和铁路干线路段。积极推广降噪路面材料和低噪声轮胎。优化功能区环境噪声的自动监测点位，增强对交通枢纽、机场周边等重点噪声源、热点和敏感地区的噪声污染监测和评价能力。将建筑施工噪声监管纳入建筑施工扬尘污染防治监管平台，强化施工噪声的监测和管理。重点加强对餐饮业、娱乐业、商业等噪声污染源的控制和管理，落实严格的治理期限制度，并加强后期监督。

第四节　统筹“三水”治理保护，建设碧水滋润的大凉山

一、实施水生态保护修复

实施水生态保护修复，强化水生态环境空间管控。加强对安宁河、雅砻江上游水源涵养地和饮用水水源地保护区开发建设活动的监管，同时加大对邛海、马湖等天然湖滨湿地的保护力度，严格管理生态缓冲带，并强化对岸线用途的管制和节约集约利用，最大限度地保持岸线的自然形态。规范管理水产种质资源保护区，特别强化对安宁河上游水生生物栖息地和产卵场的保护，严格执行休渔和禁渔政策。在安宁河谷核心结构构建一体化的梯级湿地海绵系统，以实现区域水系联通、雨洪调蓄、水质净化和水源涵养等多功能，以预防湖库水体富营养化。加强天然湖泊和大型库区水体营养化的调查，建立应急机制。

推进湿地保护与修复，坚持保护、修复和合理利用的原则，加快自然湿地的建设和恢复工作。持续进行邛海、泸沽湖等自然湿地的保护和修复工作，同时推动湿地资源保护管理机构和队伍的建设，以减缓湿地的退化，并加速湿地生态和生物多样性的恢复。推进人工湿地

的建设，提高湿地净水和纳污的效能，通过建设人工湿地水质净化设施等工程，改善城镇和工业园区的水质，同时促进区域再生水的循环利用。推动湿地自然公园和湿地保护小区的建设，逐步建立健康和稳定的湿地生态系统。

推进美丽河湖建设，强化河湖长制，明确河湖管理范围，强化对涉水空间的管控。重点保护水质良好的水体，如雅砻江等，完善优良水体的保护、水生态的恢复和界河的管理体制，根据实际情况解决农村污水治理设施不足的问题。增强对金沙江、雅砻江等河流上游水源涵养区、生态敏感脆弱区和饮用水水源地的保护力度，严格控制开发建设活动，维持流域的自然生态环境。强化红旗水库等水质良好的湖泊生态环境保护，加强对湖库周边开发建设活动的控制，取缔非法入湖排污口，打击废污水直排和垃圾倾倒等违法行为。

二、强化水资源保障

严格执行水资源管理制度，包括水资源总量、用水效率和水功能区的限制纳污“三条红线”管控。全面实施“四项制度”，并建立相应的政策体系，强化取水许可、地下水管理、用水定额管理，确保取水许可和水资源的有偿使用，同时建立重点监控用水单位名录等配套政策，以确保最严格的水资源管理制度的有效实施。优化工业用水的高效利用，调整产业布局，限制高耗水行业的快速发展，控制高耗水项目的建设，推动重点企业和大型用水单位的节水改造。促进农业高耗水资源的优化，调整种植结构，推广节水技术，改善农田建设和机电提灌设施建设，以提高农业用水的效率。同时，加强对水资源的空间合理配置。

三、推进城乡水环境综合治理

加强工业企业污水综合整治。实施工业源全面达标排放计划，在钢铁、水泥、农副食品加工等行业全面推进清洁生产改造或清洁化改造，实现工业废水稳定达标排放。增强安宁河谷工业园区污水消纳能力，加强成都·凉山工业园区、德昌特色产业园区、会理有色经济开发区污水集中处理设施及管网建设，合理预留发展空间，推进食品加工、医药产业、有色金属冶炼等特色行业高质发展。鼓励各行业结合区域水环境容量，实施差异化污染物排放标准管理，加强工业企业氮磷等营养物质排放监管，制定对环境激素和持久性有机污染物的控制方案。

提升城镇污水治理水平。补齐城镇污水收集管网短板，以城市建成区、大河流域等水环境问题突出区和基础设施薄弱区为重点，加快实施城镇截污干管、雨污分流管网改造和污水处理设施建设。科学谋划城镇污水处理厂规模布局，持续推进两河口污水处理厂等工程开展，逐步实现城镇污水处理能力提质增效。优化城镇污水处理厂技术工艺及管理结构，切实解决进水浓度低等系列问题，提升安宁河沿岸、大凉山东北等薄弱地区城镇污水处理厂运维能力，恢复越西县中所污水处理站等受损设施功能。

强化入河排污口排查整治。加强排污口排查，按照查、测、溯、治的要求，以城市建成区及重要水体为重点，开展河湖排污口普查及信息台账建设，完成入河排污口登记、审批工作。开展入河排污口整治，制定实施排污口分类整治方案，明确整治目标和时限要求，统一规范排污口设置。

推进流域入河排污口信息管理系统建设，加强城镇应急备用水源建设及管理，稳步推进县级“双水源”建设，完善周边污水收集与处理设施。从水源到水龙头全过程监管饮用水安全，建立健全风险污染源、水源水质和水厂进水全过程安全预警体系，提升饮用水水源地水质监测和预警能力。有条件的县（市）可开展集中式饮用水水源地生物毒性实时监控，有必要的水源地要开展持久性有机污染物和湖库型水源藻类等监测。完善水源保护区巡查制度，开展水源地周边风险隐患排查，建立完善水源地风险源台账。定期开展水源地周边风险源专项执法检查工作，严肃查处重点污染源治污设施闲置、废水超标排放、偷排漏排的违法行为。

加强地下水环境管理。以工业园区、矿区、垃圾填埋场为重点，开展防渗情况检测评估，推进地下水安全源头预防和风险管控。开展地下水污染修复试点工程，统筹“地表水一地下水、土壤一地下水、区域一地块地下水”污染协同防治。开展区域集中式地下水型饮用水水源环境现状调查，推动地下水型乡镇集中式饮用水水源地编制突发环境事件应急预案。探索地下水污染防治的管理模式和技术路径，保持地下水环境质量总体稳定。完成会理、会东、宁南、甘洛等6个重点铅锌矿区地下水环境状况调查评估。

加强港口码头和船舶污染防治。加快推进港口船舶污染物接收转运、化学品洗舱站等环境基础设施建设，提升港口船舶污染物接收转运处置能力。加快完善运输船舶生活污水存储设备或处理设施，有序推进船舶污染防治设施加装改造，在重要湖库封闭水域率先实行船舶污水零排放。加强船舶污染防治，定期对船舶防污文书、污染物储存容器及船舶垃圾、油污水等污染物产生和交付处理情况进行监督检查。强化水上危化品运输安全环保监管和船舶溢油漏油风险防范。

第五节　推进林草生态保护和产业发展，建设青山翠绿的大凉山

一、提升林业产业质量助推乡村振兴

坚持生态优先、绿色发展，高质量发展林草产业，是巩固脱贫攻

坚成果，防止规模性返贫，助推乡村振兴，持续稳定增加农民收入的主要抓手。按照生态经济适宜、适当集中成片、发挥区域优势的原则，以沿江特色林业产业集群带为重点，突出区域化、特色化，促进以核桃为主的“1＋X”林业产业提质增效。

一是发展核桃产业。在全州范围内大力开展现有核桃林的抚育改造和功能性研发，通过抚育、嫁接改良等技术提高核桃园单位产量和产品质量。新建标准化高产示范基地，支持企业、专合组织、集体经济组织、家庭农场、种植大户等在种植区就近开展烘干、保鲜、运输服务，在安宁河现代林业产业区引进精深加工龙头企业，延长产业链，提升产品附加值。

二是发展油橄榄产业。健全油橄榄种质资源收集保存和良种生产供应体系，组织开展油橄榄资源数据库建设，推进西昌、冕宁等良种基地、定点苗木生产基地、标准化示范基地建设。支持企业在油橄榄种植主产区建立林草、林药立体栽植产业基地和建设仓储物流设施，发展“企业＋专业合作组织＋基地＋农户”等产业化经营模式。

三是发展青（红）花椒产业。巩固以盐源、越西、昭觉、美姑、布拖等县为重点的红花椒产业基地，金阳、宁南、雷波、盐源等县为重点的青花椒产业基地，重点开展青（红）花椒提质增效 150 万亩，建设花椒初加工厂，推进产业基地良种化、规模化、标准化发展。

四是发展竹产业。积极响应习近平总书记对四川竹产业发展的重要指示，因地制宜地发展竹产业。“十四五”期间，在雷波、美姑发展竹产业基地 2 万亩，推动竹产品加工。

五是花卉苗木产业。开展乡土优良品种选育与应用，建设现代育种和繁育技术平台，建成一批种质资源保存库。发展凉山州中南部花卉产业基地，重点培育一批鲜盆花、切花及观叶花卉园区，以西昌为重点，建设区域性花卉物流集散中心和花卉市场。“十四五”期间，全州新增花卉种植面积 1 万亩，引进培育花卉规模企业 20 个以上。

六是林下经济产业。充分发挥林业立体种植模式，发展森林中药材产业，重点实施野生林药材资源保护工程、优质林药材生产工程、林药材技术创新工程和林药材生产组织创新工程。依据各县资源特色，开展“一县一品一基地”中药材发展项目，在昭觉、会理、会东、冕宁、布拖、木里、普格等县建设川续断、半夏、附子、桑葚、重楼、黄精、艾草等大宗和道地中药材标准化种植基地，支持发展“三木”药材（杜仲、厚朴、黄柏）面积达 13 万亩以上。“十四五”期间，建立标准化林下森林食品种植基地 10 个。有序开展森林食品采集，林下养殖业。坚持以保护为前提，合理发展野生动物繁（培）育利用产业，实现保护与利用协调统一。依托国家林业草原林下药用蟾蜍生态养殖工程技术研究中心在西昌建立健全蟾蜍生态养殖示范基地，发挥示范带动作用。规划培育林药用动物出栏 50 万只、养禽出栏 200 万只、养畜出栏 100 万头。

二、发展高质量产业集群

在安宁河现代林业产业集群带，发挥龙头企业示范引领作用和辐射作用，带动区域经济发展。着力培育林业新型经营主体，扶持林业龙头企业，提高产业链供应链现代化水平，建设现代林业产业示范园区，大力创建林业产品品牌。

一是创建现代林业示范园区。着力建设一批以木质原料林、竹林、木本油料林、特色经果林、花卉产业、森林蔬菜等特色优势林业产业为重点的产业园区。“十四五”期末，全州创建州级现代林业园区 10 个以上，创建省级现代林业园区 5 个以上，创建国家级现代林业园区 1 个以上。

二是扶持林业龙头企业。巩固提升现有木本粮油种植类、森林食品类省级林业龙头企业建设成果，“十四五”期间，通过改扩建、技术提升、招商引资、社会融资等措施培育或引进核桃现代加工物流企业 2

个、橄榄油加工物流企业2个、华山松籽加工物流企业1个、竹笋食品企业1个、花卉培育运输企业2个；力争认定州级林业重点龙头企业15个以上，认定省级林业重点龙头企业5个以上。

三是培育新型经营主体。引导林农转变发展观念，发展新型林业经营主体，增加技术投入，强化装备设施，引进专业人才，改进管理模式，优化产业链条，提高生产效率。在规模化基础上，创新生产方式，以集约化提高生产质量、增加经营收益。“十四五”期间，新成立家庭林场100个以上，农村合作组织50个以上。

四是创建林草品牌。大力实施“三品一标”战略，开展林业龙头企业环境、安全、质量体系认证，强化品牌培育，争创名优品牌，做强做大核桃、花椒、油橄榄、花卉、森林食品和森林药材六大林产品“大凉山”品牌。充分利用“互联网+林草产品”手段，搭建电子商务平台，促进线上线下融合发展。推行订单生产，鼓励龙头企业与农户、专业合作社组织建立长期稳定购销关系，使产业园区的特色农产品能够更加方便快捷进入市场。

三、大力发展森林康养产业

借助林业产业与旅游、养老、医疗等行业融合发展势头，充分利用林业产业与其他行业优惠政策，推进森林康养产业快速发展。

一是开展森林旅游产业。在生态优先的前提下，有序开发以风景名胜区为主，其他自然保护地、草原国家公园为辅的生态旅游景区体系。运用市场机制，引进一批信誉度高、实力较强的业主，实行总体打捆特许经营。“十四五”期间，着力完善波洛云海、彝家新寨、万亩索玛花观赏景区、马湖湿地公园等10个森林旅游景区基础设施建设和配套服务体系。推进精品景区、林业旅游示范县建设，鼓励开发特色林（草）业旅游产品。

二是开展森林康养产业。以森林自然公园、湿地自然公园、国有林场、国有林区等为重点，建设一批具备森林游憩、度假、疗养、保健、养老、教育等功能的森林康养基地，完善相关配套设施，开发一批森林康复、森林温泉、森林疗养等森林康养产品。

四、创新融合发展林草政策项目

一是大力建设国家储备林。围绕长江经济带建设、乡村振兴、国土绿化等重大战略，重点在金沙江、安宁河、雅砻江流域开展国家储备林项目建设，着重培育云南松、华山松、德昌杉等大径级用材林，适度发展桢楠、香樟、栎类等珍贵树种用材林基地。鼓励各县（市）扶持、培育和引进项目实施主体，充分利用开发性政策性金融、地方专项债券、国际组织贷款，推动储备林项目落地开工。支持采用企业自主经营、政府和社会资本合作（PPP）、“龙头企业＋林业合作社＋林农”等模式推进储备林建设。“十四五”期末，力争国家储备林项目在10县以上落地，累计争取生态扶贫政策性金融贷款资金100亿元以上。

二是推进林草碳汇开发。积极探索开发碳汇项目，重点开发碳汇造林和森林经营碳汇项目，探索发展草地碳汇项目。结合森林抚育、退化林修复等森林经营措施，积极争取国家级林草碳汇、省级林草碳普汇项目5个。依托国土绿化、生态修复、国家战略储备林等生态建设工程项目开发林草碳汇，全面拓宽林草碳汇“增汇”措施，探索建立森林草原防灭火、林草有害生物防治等巩固林草固碳成果项目的“减排”机制。鼓励引进碳汇项目实施主体，引导国有林保护局、国有林场先行先试，采取自主开发、合作开发、市场化运作等多种方式推进林草碳汇项目开发实施。探索开展林草系统碳足迹核算，努力推动林草系统率先实现碳中和。

五、实施生态宜居地建设

统筹山水林田湖草，对土地资源、森林资源、湿地资源进行系统治理，不断改善提升村容村貌，积极建设生态宜居美丽乡村。

一是城乡绿化美化建设村庄绿化行动。结合乡村振兴建设，重点开展庭院、房前屋后、公共场所和进村道路绿化，大力发展乔木、乡土、珍贵树种和特色林果、花卉苗木，打造“春花、夏绿、秋叶”新村绿色家园，改善居民的生产生活环境。规划美丽新村绿化安置点20个。采取人工植树造林种花，乔灌花草相结合，沿国道、省道、铁路等旅游环线通道和主要景区连接道路及县道、乡村道两侧进行通道绿化，实施彩叶、彩化植物改造提升，规划道路生态景观长廊1500千米。水系绿化建设采取人工植树造林措施，沿雅砻江、金沙江、安宁河及大中型水库、湖泊周围进行水系绿化建设。规划江河渠系绿化1000千米，湖库绿化面积10万亩。广泛开展全民义务植树活动，创新开展“互联网＋义务植树”基地建设，打造义务植树线上线下互动新格局。“十四五”期间开展义务植树4500万株。

二是生态示范工程建设。以安宁河流域为主干，实施山水林田湖草系统治理，全方位、全地域、全过程开展生态文明建设。打造具有民族特色和全国影响力的生态文明综合示范展示区，全面展示“两山”理论在凉山州的生动实践。开展西昌泸山生态综合绿化建设项目，打造“园林泸山，智慧泸山”，创建森林火灾灾后重建生态修复示范蓝本。在木里鸭咀、越西申果庄、金阳百草坡建设生态恢复示范区3处，展示凉山飞播造林、退耕还林还湿、人工造林、天然林保护等具有典型性的林业建设成就。依托大熊猫为主要保护对象的保护区、邛海-螺髻山风景名胜区等具有优质自然资源禀赋的自然保护地，开展参与式体验式的自然教育、科考研学活动，形成具有吸引力的研学基地。鼓励社区民间公益组织参与其中，推动建立自然保护地社区共管机制。建立甘洛纳龙河、木里恰朗多吉、邛海湿地、昭觉谷克德湿地、邛海-螺髻山、雷波麻咪泽 6 个自然教育示范区。利用凉山大山大水、原生态景观资源优势，创新打造具有自然野性的特色景区、体验路线，形成具有全国影响力和国际吸引力的自然山水体验基地。重点依托冶勒-安宁湖、大风顶-黄茅埂、木里香格里拉、泸沽湖、金沙江-雅砻江、索玛花海等自然山水资源，建立田园、高原、原生风光、景观体验、摩梭风情、水上画廊 6 大山水体验示范区，引领全州生态旅游产业升级。

三是实施古树名木保护。推进古树名木信息化管理，采集全州古树名木单株信息，接入省级古树名木管理系统，发挥管理、展示、互动等功能，推动信息管理规范化、动态化建设。强化古树名木保护，加强古树名木生长、病虫害等监测，推进支撑架、保护栏、避雷装置、加固护坡等措施。严格古树名木移植、采伐审批。加强古树名木统一挂牌管理。充分利用古树名木资源，推动建设古树公园，打造乡村旅游、研学体验、自然教育等线路。挖掘古树名木历史文化内涵，组织开展多样化宣传教育活动。组织开展树王展示、树王评选等活动。

第六节　强化土壤固废综合治理，建设洁净无废的大凉山

一、强化土壤污染风险防范

加强土壤污染源头防控。持续推进重点区域调查评估，深化详查成果运用，以农用地土壤污染状况详查成果为基础，加快推进安宁河谷农用地土壤超筛选值集中区加密调查和风险评估，进一步查明受污染耕地土壤环境质量、农产品质量和土壤污染类型、污染因子及分布。

以重点行业企业用地调查成果为基础，加快推进攀钢集团西昌钢钒有限公司、西昌三峰环保发电有限公司等33家超二类用地筛选值企业详细调查，摸清地块污染范围和对周边土壤的影响程度。持续推进工业园区、油库、加油站、集中式饮用水水源地、垃圾填埋场和焚烧厂等重点区域土壤调查评估，查清土壤环境质量状况和环境风险，为建立土壤污染风险源清单提供基础数据，提升土壤环境管理针对性和有效性。配合开展农用地土壤污染状况详查范围外的重金属地质高背景区农用地土壤环境质量调查，加快推进西昌市耕地土壤重金属污染成因排查。

加强农用地风险防控。严格保护优先保护类耕地，在永久基本农田集中区域，不得新建可能造成土壤污染的建设项目，已经建成的，限期关闭拆除。巩固提升受污染耕地安全利用水平，制定实施受污染耕地安全利用方案，优先采取农艺调控、种植结构调整、治理修复等措施，确保农产品质量安全。加强严格管控类耕地用途管理，划定特定农产品禁止生产区域，采取种植结构调整等措施保障严格管控类耕地安全利用。对产出的农产品污染物含量超标、需要实施修复的农用地地块，应当编制修复方案并组织实施，阻断或者减少污染物进入农作物食用部分，确保农产品质量安全。大力实施耕地质量保护与提升行动，加快会东农田土壤重金属污染治理。

加强建设用地风险防控。加强建设用地土地空间管控，根据土壤环境承载能力和区域特点，合理确定区域功能定位、空间布局，禁止在居民区、学校、医院、疗养院和养老院等单位周边新（改、扩）建可能造成土壤污染的建设项目。严格建设用地准入管理，土壤污染重点监管单位生产经营用地的用途变更，土地使用权收回、转让或用途变更为住宅、公共管理与公共服务用地的，变更前应当开展土壤污染状况调查。加快推进全国污染地块土壤环境管理系统中甘洛县盈丰选矿厂、金源有色金属选厂等疑似污染地块的调查评估和四川康西铜业有限责任公司地块、四川西昌合力锌业股份有限公司地块和西昌大梁矿业冶炼有限责任公司地块的风险管控和治理修复。

加强未利用地环境监管。严守生态安全底线，对划入生态保护红线内的未利用地，要严格按照法律法规和相关规划，实行强制性保护。依法严查向滩涂、河道、湿地等非法排污、倾倒有毒有害物质的环境违法犯罪行为。加强对矿山等矿产资源开采活动影响区域内未利用地的环境监管。未利用地拟开垦为耕地或建设用地的，应当进行土壤污染状况调查，确认符合用地功能要求后开发利用。

二、强化固体废物安全处理处置

提升工业固体废弃物综合利用。依托全省固体废物管理信息系统、危险废物申报登记、全国第二次污染源普查，动态掌握全省固体废物（危险废物）产生、储存、收集及利用处置情况。全面实施工业固体废物排污许可管理，持续推进固体废物减排。落实工业企业固废污染防治的主体责任，自觉履行固体废物申报登记制度，运用产排污系数、物料衡算等方法，加强对申报登记数据质量的审核。加强工业固废综合利用，推进大宗固废综合利用示范基地和工业资源综合利用基地建设。推广应用工业固废综合利用先进适用技术装备，提升工业固体废物综合利用水平，提高资源利用效率，重点推进电解铅、铅锌矿采选、铜矿采选等行业工业固体废弃物综合利用。鼓励攀钢集团西昌钢钒有限公司等固体废物产生量大的企业开展清洁生产，加快铁矿采选、冶炼等行业生产工艺提升改造，延伸重点行业产业链，强化资源高效利用和精深加工，在钢铁冶炼行业推广“固废不出厂”，加强全量化利用。鼓励年产5000吨及以上一般工业固体废物、1000吨及以上危险废物的单位、各类工业园区或工业集中区，配套建设综合利用项目进行消纳。健全固体废物分类回收利用体系，培育一批高水平的资源回收处理和再生利用产业，建成具有一定规模高水平的再生资源加工基地，形成再生资源回收、加工、利用的产业链条。

加强生活垃圾无害化处理。加快完善生活垃圾分类配套体系，实施城乡生活垃圾处理设施建设三年（2021—2023）推进工作，按照“近期大分流、远期细分类”的思路，推进生活垃圾的分类减量与资源化利用处置，促进餐厨垃圾资源化利用，实现污泥无害化、资源化处置。加快生活垃圾焚烧设施建设、强化垃圾前端收集、加强监管能力建设，逐步改变以填埋为主的处理方式，提高垃圾焚烧处理比例，加快推动西昌和会东垃圾焚烧发电厂等项目建设。到2023年，全州生活垃圾焚烧处理能力占比达60%以上，县城生活垃圾无害化处理率保持在100%，城市生活垃圾回收利用率力争达30%以上。

确保危险废物安全处理处置。完善危险废物分类回收利用体系，抓好涉铅酸蓄电池及其他有色金属危废综合利用项目。强化源头控制，减少危险废物的产生，提高危险废物的资源化综合利用率。健全危险废物动态管理数据库，强化危险废物运输转移全过程管理，杜绝安全隐患。深入开展危险废物规范化管理工作，加强冶炼及炼焦等重点行业的执法监管，严厉打击非法转移、随意处置等违法行为。把危险废物集中处置设施纳入公共基础设施建设，科学评估调整危险废物集中处置设施建设规划，优化能力配置，为危险废物处置提供兜底式保障和应急服务需求。完成2个危险废物集中收集储存试点建设，逐步规范中小微企业和社会源危险废物收集、储存、转运、处理。加强危险废物污染事故应急能力建设，防范环境污染风险。

强化污泥安全处理处置。按照“集散结合、适当集中”原则，加快污泥处理处置设施建设和达标改造，推进集中式污泥处理处置中心工程建设，加强污泥产生源的监督管理，强化污水处理厂对污泥处理的主体责任，对污泥产生、运输、储存、处理和处置实施全过程管理。鼓励采用生物质利用、厌氧消化、好氧发酵等处置模式，推动污泥资源化利用，探索将部分燃煤电厂、水泥窑协同处置方式作为污泥处置的补充。鼓励依托西昌航天水泥有限责任公司、会东利森水泥有限公司等大型水泥企业建设水泥窑协同处置项目。

三、持续推进重金属污染防治

严格控制新增重金属排放。按照长江经济带产业发展市场准入负面清单，制定禁止和限制发展的行业、生产工艺、产品等目录，严格控制涉重金属产业新增产能的快速增长。严格控制涉重金属项目环评审批，建立健全重金属污染物排放总量控制制度，严格落实新（改、扩）建项目重金属污染物排放“减量置换”或“等量替代”原则。引导涉重金属企业进入工业园区，实现园区集聚发展，原则上不得在工业园区外新（改、扩）建增加重金属污染物排放的项目。禁止新建污染物产生和排放强度超过行业平均水平项目，严防以金属再生回收和资源循环利用为名义新增重金属产能和重金属排放。深入实施耕地周边涉镉等重金属行业企业排查，动态更新污染源排查整治清单，落实《四川省农用地土壤镉等重金属污染源头防治行动实施方案》要求。

加强重点行业企业清洁生产改造，重点行业企业“十四五”期间至少依法开展一轮强制性清洁生产审核，加大重有色金属冶炼行业企业生产工艺设备清洁生产改造力度。提升重金属污染防控水平，继续加大西昌市等区域综合整治力度，加强会东县、会理市和甘洛县重金属排放控制。加大历史遗留重金属污染治理，推进安宁河流域重金属环境综合整治。推动依法淘汰涉重金属落后产能和化解过剩产能，以铜、铅锌、镍钴采选和冶炼等为重点，推进经整改仍达不到要求的产能依法依规关闭退出。

强化涉重园区企业管理。按照“三线一单”生态环境分区管控要求，严格执行产业发展政策和重点行业企业布局选址要求，引导涉重、涉危企业进入工业园区，实现园区集聚发展。鼓励相关企业实施同类整合，培育一批符合清洁生产和园区环境管理要求的示范性企业，实现产业集聚发展，提高重金属废弃物资源化和循环化利用水平。从生产环节防控，逐步向源头物质防控和后端的流通、消费、存储、运输、废弃处置环节全面延伸。以会理有色产业经济开发区、甘洛铅酸蓄电池集中发展区等涉重金属工业园区为重点，加快推进园区基础设施建设进度，提高污染治理及风险防控水平。

加强重金属环境监管能力建设。强化重金属污染监控预警，依托水质自动站加装铊、锑等特征重金属污染物自动监测系统，开展涉镉排放企业周边大气镉等重金属沉降及耕地重金属定期监测，鼓励重点行业企业开展重点部位和关键节点重金属污染物自动监测、视频监控。强化涉重金属执法监督力度，加大重点行业企业堆场、尾矿库等设施双随机、一公开抽查检查，严厉打击超标排放、不正常运行污染治理设施、非法排放等违法违规行为。强化废气和土壤重金属监测设备的配置和技术队伍建设，将符合条件的排放镉等有毒有害大气、水污染物的企业纳入重点排污单位名录。探索开展重金属污染生物检测、健康体检和诊疗救治机构与能力建设。

四、加强矿山污染管控与治理

深入推进矿山周边生态环境质量调查。加强矿山开采土壤污染防治，做好废水、废气和废渣污染防治工作，防范土壤污染。加强矿山开采和尾矿运营生态环境监管。加强尾矿库的安全管理和环境风险防控，危库、险库、病库及其他需要重点监管的尾矿库的运营、管理单位应当按照规定进行土壤污染状况监测和定期评估。全面开展尾矿库污染防治成效复核，确保污染防治措施落实到位，污染问题有效解决。进一步提高尾矿库环境污染监测能力，建立健全尾矿库环境预警监测体系。探索建立有色金属矿矿山环境恢复保证金制度，遏制有色金属矿开采导致的环境破坏以及污染物排放超标行为。

积极开展废弃矿山综合整治。开展环境风险隐患排查，重点推进历史遗留矿渣、冶炼渣及尾矿库等污染治理和环境风险管控，针对性开展突发环境污染事故应急演练。开展废弃矿山综合整治，以历史遗留环境问题突出的矿山为重点，优先推进城市规划区及周边区域、集中式饮用水水源地上游、永久基本农田周边、风景名胜区、国道省道高速公路等交通干线及主要江河流域两侧一公里范围内的废弃矿山治理修复。加大采选和堆存区生态环境恢复力度，创新矿山开采剥离—采矿—复垦一体化模式，促进土地复垦和生态环境重建，加快推进会理市、会东县、宁南县和雷波县金沙江干支流废弃露天矿山生态修复。

加快绿色矿业发展。加快推动传统矿山转型升级，大力发展绿色矿业，鼓励矿山企业优先申报绿色矿山，重点推动有色金属、化工（含磷石膏）、稀土等行业开展绿色矿山建设，打造雷波磷矿绿色矿业发展示范区。支持尾矿无害化处理和再利用，推广应用矸石不出井模式，鼓励采矿企业利用尾矿、共伴生矿填充采空区、治理塌陷区，推动实现尾矿就地消纳。开发和应用离子液脱硫生产硫酸、工业废酸真空浓缩、复合胺法烟气脱硫等新型脱硫技术，从源头上削减脱硫石膏的产生量。鼓励勘查单位和探矿权人申报绿色勘查示范项目，加大土地使用和税费优惠等政策的倾斜力度。

第七节　强化农村环境综合整治，谱写乡村振兴大凉山新篇章

一、大力构建绿色农业

大力发展节水高效农业。加快节水灌溉设施建设，大力推广水肥

一体化节水灌溉，新增微喷灌、微滴灌等管道节水灌溉设施，维修改造灌溉渠系。大力发展节水畜禽养殖，推行畜禽养殖场雨水回用和养殖水循环利用、干清粪等生态养殖模式，加大节水生态养殖宣传力度，全面推进节水型农业发展。

深入开展高标准农田建设。实施循环利用工程、生态固埂工程、果肥套作工程、地力提升工程。大力推进绿色高产高效创建，突出机械化生产对农业的提质增效作用，聚焦草莓、石榴、杧果、烤烟、玉米等重点作物，推进昭觉县涪昭现代农业产业园、会理山区及二半山区特色农业机械化进程。

二、加强农村饮用水水源地保护

推进农村水源地规范化建设。加强农村饮用水水源保护区规范化建设，以饮用水水源保护区为重点，全面推进水源地警示标志设置工程和水源地隔离防护工程建设。严格按照《四川省饮用水水源保护管理条例》推进和落实涉及水源地一、二级保护区的相关工作和要求。加快推进农村集中式饮用水水源保护区划定，构建饮用水水源保护区“一张图”，同步完成标志标识、宣传牌和隔离防护设施设置，推进农村饮用水水源信息公开。

提升农村饮水安全保障水平。优化整合城乡饮用水水源地，按照城乡供水一体化要求，加快推进村村通自来水工程。研究制定农村饮用水水源污染防治方案，严格饮用水水源污染控制。开展集中式饮用水水源地环境保护专项行动“回头看”，以乡镇级集中式饮用水水源地为重点，对其上游或补给区可能影响水源环境安全的风险源和生活污水垃圾、畜禽养殖等风险源进行排查，对水质不稳定水源，采取集中供水、污染治理等措施，确保农村饮水安全，有条件的地区逐步推进乡镇及以下饮用水水源地排查整治。实施农村饮水安全巩固提升工程，推动农村备用水源建设，提高农村饮水安全保障能力。建立乡镇集中式饮用水水源保护区水源地定期监测制度，实现乡镇集中式饮用水水源地监测全覆盖，农村饮用水水源保护应急能力进一步提高，农村饮用水水源水质安全得到有效保障。

三、深入开展农村人居环境综合整治

加强农村水系综合整治。深入开展非法侵占水域、非法采砂、垃圾乱堆、违法建筑“四乱”问题整治，逐步退还河湖水域生态空间。加强农村河道水生态修复，积极开展中小河流治理重点县综合治理与水系联通试点工作，推进水系连通、河道疏浚、岸坡整治、水生态修复等工程。强化农村生活污水治理与生态农业发展融合，以冕宁、西昌、会理为试点探索实施高标准农田、农田水利与农村生活污水治理结合建设，在确保农业用水安全的前提下，实现农业农村水资源的良性循环。加强水质不达标小流域综合整治，以大河为重点，实施流域沿岸农村、城中村和城乡结合部污水截流、收集，加快雨污分流改造，消除污水直排。加大乡村黑臭水体治理力度，强化系统治理，大力推进绿化行动，围绕生态发展区、重点流域、重要饮用水水源地周边村庄开展农村环境连片整治，全面整治村庄内外小溪小河、沟渠池塘，清除河塘淤泥、杂草漂浮物，实行净化洁化，恢复河道基本功能，逐步消除农村黑臭水体。全面加强农业面源污染防治，以安宁河、鲹鱼河、巴拉河等为重点，加强流域范围内蔬菜、杧果等规模化农业种植区灌溉退水和初期雨水收集，确保非汛期农灌退水不入河。推进流域畜禽粪污资源化利用，鼓励和引导第三方处理企业将养殖场畜禽粪污进行专业化集中处理。

加快推进农村生活污水治理。统筹规划实施农村生活污水治理，推进统一规划、统一建设、统一运维。开展农村生活污水处理设施运行情况排查，加快实施已建污水处理设施整改。以资源化利用为导向，因地制宜选择工程措施与生态措施相结合、集中治理与分散治理相结合的治理模式，推进全域农村污水基础设施建设，加快落实甘洛、美姑、布拖、雷波等重点区县农村生活污水治理专项规划，以雷波县谷米乡等 6 乡 29 村为重点，强化金沙江流域农村污水处理消纳能力。

推动农村厕所革命与生活污水治理有效衔接，加强农村生活污水治理与改厕治理衔接，鼓励粪污无害处理和资源化利用，分类推进农村无害化卫生厕所新（改）建。实施农村生活污水治理五年实施方案，完成省定农村污水治理“千村示范工程”建设任务。

加强农村生活垃圾治理。结合城乡生活垃圾处理设施建设三年推进行动，进一步补齐农村生活垃圾分类收集、转运和处置设施设备短板，健全“户分类、村收集、乡（镇）转运、县统筹处理”工作机制。进一步改善农村人居环境。立足化繁为简、简单实用、注重实效，因地制宜实施农村生活垃圾分类，加大农村生活垃圾就地源头减量和资源化利用力度，提高农村生活垃圾堆肥还田或沼气发酵等资源化利用率。选择条件相对成熟的乡镇、村庄开展生活垃圾分类示范乡镇和示范村创建，抓好全国农村生活垃圾分类及资源化利用示范县建设。

建立完善长效管护机制。明确管理主体，建立完善主管部门执法监督、收运单位和责任单位相互监督、社会监督等监督工作机制。健全常态化管理。健全资金投入机制，强化资金保障，引导鼓励社会资本参与治理，逐步建立长效管护机制，建立完善依效付费制度。强化设施建设与运行整体推进，推行第三方专业运维＋村民参与，强化设施运维管护。

深化美丽乡村建设。促进要素聚集，形成集约高效、疏密有致的空间开发格局，营造城乡美好人居环境。规划蓝绿交织清新明亮的城市风貌，营造开放舒适丰富多元的生活街区。依托山水环抱、林湖交汇的自然生态格局，发挥生态资源与文化资源密集优势，逐步实现从

“城中建园”向“园中营城”转变。加快改善农村环境面貌，提升农村景观水平。结合“百镇千村”建设和“百村容貌”整治工程，保留提升乡村原有水岸、湿地生态环境，挖掘水文化、提升水景观，实现林盘与周边沟渠、河流及田园等自然环境有机融合。

四、加强种植业污染防治

推行测土配方施肥、机械施肥、水肥一体化、适期施肥等高效施肥技术。大力推广应用新肥料。加快推广应用生物农药、高效低毒低残留农药，依法禁限用高毒农药。推行推进绿色防控、高效植保机械替代。大力推进专业化统防统治与绿色防控融合，发展专业化防治服务组织，提升病虫害防治组织化程度和科学化水平。

大力推进秸秆资源化利用。推广秸秆还田技术，实施农作物秸秆肥料化、饲料化、燃料化、基料化、原料化应用。建立完善多元化秸秆收储运体系，扶持秸秆收储运服务组织发展，支持农村专业合作经济组织和企业建立秸秆收储站点。加大政策扶持力度，建立完善秸秆“五化”补贴机制和管理模式。强化资金保障，引导社会资本参与，建立健全政府、企业与农民三方共赢的利益链接机制，推动形成布局合理、多元利用的产业化发展格局。

加强农膜和农业包装废弃物回收处理。推广适时揭膜、集中育秧育苗、水稻直播、果园生草、秸秆覆盖栽培等农膜减量替代技术。推广生物降解地膜、新标准地膜应用。加强农膜回收利用，加强试点经验总结，推进回收处理有序开展。加强农药包装废弃物回收处理，建立健全回收处理网络，合理布设县、乡（镇）、村农药包装废弃物回收站（点），加强收集、储存及运输环节管理。推广使用易资源化利用和易处置包装物，加强回收处理设施建设，鼓励农药包装废弃物资源化利用。加强农药商品质量监测，加大执法监督力度，严格农药生产经营主体、农药商品的市场准入。

五、加强养殖业污染防治

优化养殖产业布局。鼓励和支持节水、节能等先进种养殖技术，推广统防统治、绿色防控、配方施肥技术，提高资源利用效率，加快推动种养结合、牧渔结合、沼气发酵等综合开发利用，实现农业的资源化利用。科学规划布局畜禽养殖，强化养殖规模与资源环境统筹，依据土地消纳粪污能力，合理确定养殖规模，推动种养循环，完善土地配套，推动畜禽产业集群化发展。优化水产养殖空间布局，结合水产养殖业现状和渔业资源区域特点，科学规范养殖行为。

大力推进畜禽养殖粪污资源综合利用。严格畜禽规模养殖环境监管，巩固禁养区内规模化畜禽养殖场（小区）和专业养殖户关闭搬迁工作成果，防止禁养区内养殖问题反弹。加强规模化畜禽养殖场（区）标准化改造和畜禽粪污处理设施建设，以会理、盐源、德昌、宁南、会东、美姑畜牧大县为重点，推进畜禽粪污资源化利用，建立完善粪污储存、回收和利用体系，培育壮大畜禽粪污处理专业化、社会化组织，拓宽畜禽粪污产业化利用渠道。

大力发展水产生态健康养殖。深入推进养殖水域滩涂规划落地，科学划定禁止养殖区、限制养殖区和允许养殖区，加强重要养殖水域滩涂保护。积极拓展工程大水面生态净水增殖渔业发展，加强水产养殖尾水治理，开展老旧池塘标准化改造，大力推广底排节水净水、原位生态修复治理、集中生物净化、人工湿地处理等生态净化方式，促进养殖尾水资源化利用和达标排放。实施饲料净化行动，严格执行饲料添加剂安全使用规范，开展饲料生产、经营和使用环节质量安全监督抽检，严厉打击各类违法违规行为。实施兽药质量提升行动，严格落实《兽药生产质量管理规范》，规范兽药生产环节产品追溯管理，开展兽用抗菌药使用减量化行动试点。

第八节　压实环境安全风险防控，建设生态安全的大凉山

一、加强环境风险防范与化解

实施环境风险分类管理。建设凉山州环境风险源信息数据库，实行风险源清单管理。重点加强重金属、化学品、危险废物、核电、持久性有机物等相关行业的环境风险分级分类管理，实现各类重大环境风险源的识别、评估、监控、处置等全过程动态管理。强化流域环境风险防控。开展金沙江风险跨省、跨市联动，推动凉山州与昭通市、攀枝花市和宜宾市建立上下游联防联控机制，共建环境风险预警防范和应急指挥系统，形成市（州）级相关部门协调推动上游地区落实生态环境保护责任的对接机制。强化规划统筹编制，将危险化学品生产、使用、储存企业布局纳入区域发展规划、国土空间规划中统筹安排。加强行业、园区、企业风险防范管控。

二、完善环境应急管理体系

提升环境应急管理能力。厘清环境应急管理职责，明确重点区域、流域潜在风险等级和应对措施，建立并完善州级、县（市）级环境应急管理机制，推进环境应急基地建设。健全环境风险源、敏感目标、环境应急能力及环境应急预案等数据库建设，建立健全突发环境事件应急指挥决策支持系统。加强企业突发环境事件应急预案管理，强化技术性指导，落实环境风险企业“一源一事一案”制度，敦促会东金川磷化工公司等企业按行业分年度完善企业备案、提升预案质量、加

大企业应急演练频次。开展突发环境事件应急处置技术方法探索试点工作，加快探索突发水污染事件以空间换时间的应急处置、污染气体扩散途径和范围追踪技术等，编制形成污染处置应急处置技术方法指南。

提升环境应急监测能力。充实便携式环境预警应急设备和应急监测车辆的配备，完善移动应急监测网络，提高应急监测快速响应能力。强化环境应急监测预警工作的常态化管理，加大对港口危险品码头等重大风险源的监测预警。

提升应急储备及响应能力。加强环境应急处置技术库建设，实行物资储备信息动态化管理，掌握常用应急处置物资“谁在生产”“在哪生产”“产能情况”等信息，形成应急处置物资持续应急供应能力。构建凉山州突发环境事件应急响应机制，明确应急处置内部职责分工，规范突发环境事件应急值守、应急监测、调查处置程序，逐步完善环境应急指挥机制。强化部门应急联动，增强各级生态环境、水利、交通、应急管理等相关职能部门环境应急联动能力，强化应急演练。强化流域风险联防联控，开展金沙江、雅砻江流域风险防控和突发环境事件应急的跨省、跨州（市）联动，共建环境风险预警防范和应急指挥系统。提升应急监测预警能力，确保突发环境事件早发现、早调度、早处置。加强突发环境事件监测，确保突发环境事件监测的及时性、可靠性、真实性。

三、强化有毒有害化学物质风险防控

提高化学品管理和处置水平。建设危险化学品信息平台，实施全生命周期信息追溯管控，实施统一规范包装管理，严格环境准入。开展有色金属、化工等重点行业的危险化学品安全综合治理，实现涉危险化学品企业环境风险评估全覆盖。严格限制高风险化学品生产、使用、进口，并逐步淘汰替代。优化调整高风险化学品企业布局，逐步退出环境敏感区。完善危险化学品泄漏应急处置措施，确保风险可控。

健全危险化学品运输安全监管责任体系。严格按照国家有关法律、法规和强制性国家标准等规定的危险货物包装、装卸、运输和管理要求，落实各部门、各企业和单位的责任，提高危险化学品（危险货物）运输企业准入门槛，督促危险化学品生产、储存、经营企业建立装货前运输车辆、人员、罐体及单据等查验制度，严把装卸关，切实防范危险化学品转运泄漏事故。

加强新污染物治理。加强新化学物质环境管理登记，加强事中事后监管，落实环境风险管控措施。以内分泌干扰物、抗生素、持久性有机物、微塑料、全氟化合物等有毒有害化学物质为调查对象，开展有毒有害化学物质环境调查监测和环境风险评估，加大持久性有机污染物等的环境风险管控力度。

四、强化重点领域环境风险防范

加强饮水安全风险管理。强化水源保护区风险管理，完善防撞护栏、事故导流槽、应急池、防泄漏等环境安全防护措施。加快推进“千吨万人”水源地应急预案编制，完善水源地保护应急措施，加强应急物资储备建设。强化水源地保护信息技术支撑，加快完善拖觉镇、鲹鱼河镇、谷米乡等集中式饮用水水源地应急预案编制及风险防控物资储备建设，定期开展应急演练工作。

加强园区风险防范管控。健全环境安全隐患治理制度，完善12个工业园区涉危、涉重、有毒有害物质企业的环境安全管理制度和环境应急设施，深入开展突发环境事件风险企业信息登记和信息公开，建立环境安全隐患动态清单，防范化解重特大突发环境事件风险。强化四川西昌钒钛产业园区、四川德昌特色产业园区、四川会理有色产业经济开发区和四川冕宁稀土经济开发区等园区风险管控，落实环境风险企业“一源一事一案”制度，督促企业按行业分年度完善企业备案、提升预案质量、加大企业应急演练频次。鼓励相关企业实施同类整合，培育一批符合清洁生产和园区环境管理要求的示范性企业，实现产业集聚发展，提高废弃物资源化和循环化利用水平。

推进危险废物源头监管。优化产业结构，推动不符合国家产业政策的生产工艺装备依法依规退出。开展有色金属开发区域环境风险隐患排查，重点推进历史遗留矿渣、冶炼渣、尾矿库等污染治理和环境风险管控，有针对性开展突发环境污染事故应急演练。系统开展区域尾矿库以及受影响的土壤、地下水、生态环境综合治理工程。推进绿色矿山建设，按照“谁破坏，谁恢复；谁污染，谁治理；谁治理，谁受益”的原则，进一步加强矿山环境保护、恢复治理与土地复垦工作。

完善环境风险监管体系。压紧压实企事业单位危险废物污染防治主体责任，严格落实园区和政府相关部门危险废物污染防治监管责任。动态建立全州危险废物重点监管源清单。提升危险废物信息化管理水平，推动建设危险废物交易平台，建立能定位、能共享、能追溯的危险废物精细化管理体系。加强危险废物跨州（市、县）的转移审批监管，推动实施危险废物转移轨迹全程监控。切实增强环境健康科技支撑能力，创新管理体制机制，提升环境决策水平，壮大工作队伍，推动公众积极参与并支持环境与健康工作。

五、强化核与辐射安全管理

加强核与辐射安全监管。贯彻落实《凉山州贯彻〈四川省核与辐射安全和放射性污染防治“十三五”规划及2025年远景目标〉实施方案》。加大重点污染源及移动放射源在线监控力度，推进核与辐射环境安全监管能力现代化建设。从严开展核与辐射安全监管，加强放射源全过程管理，加强对核技术利用单位监督检查，提出检查意见及限时整改要求。规范辐射安全许可证管理，严格辐射工作场所安全监督检查，规范野外（室外）使用放射源与射线装置监督管理措施，规范移动使用放射源与射线装置活动的辐射安全与防护管理制度措施，全面实现对使用Ⅱ类以上高风险放射源实施在线监控。加强重点电磁领域的辐射安全监督管理，规范伴有电磁辐射建设项目监督管理，严格执行电磁设施（设备）应用单位电磁辐射水平监测及报告制度，加强电磁辐射知识科学普及推进放射性污染防治。加强放射性废物的运输安全监管，加快最终处置。推动城市放射性废物库安保水平提升，推进历史遗留放射性废物治理。健全辐射事故应急预案体系。积极督导州政府和州生态环境部门建立健全州级辐射事故专项应急预案，要求县（市）政府和县（市）级生态环境部门在环境应急预案体系建设中明确辐射事故应急内容与应对处置措施。进一步落实相关企业应急主体责任，严格操作规程管理和隐患管控，强化从业人员资质与个人剂量管理，定期开展辐射安全应急演习，严防辐射事故的发生。

第九节　西昌市在筑牢长江上游生态屏障上持续发力

西昌市位于四川西南部，地处四川第二大平原——安宁河平原腹地，是全国最大彝族聚居区凉山彝族自治州的首府，是全州政治、经济、文化和交通中心，幅员 2881.59 平方千米，建成区面积 51.85 平方千米，辖 7 个街道、11 个镇和 7 个乡，根据第七次全国人口普查结果，常住人口 96.3 万人。西昌市地处成都、重庆、昆明三大城市交叉辐射区域，自古就是“南方丝绸之路”重镇，是攀西经济区核心城市，是成渝经济圈向南拓展上的重要节点，基本形成了以“一航一铁三纵一横”为主骨架的立体交通网络，青山机场通航省内外 24 个城市，成昆铁路纵贯全境，成昆铁路复线建成后 3 小时可达成都、昆明，G5、G108、G248 高速纵贯南北，G348 高速横跨东西。西昌市已成为四川南向大通道的重要节点城市、大香格里拉和南方丝绸之路的门户城市、川滇结合部区域性综合交通枢纽，发展前景极为广阔。

一、生态本地较好，资源优势明显

一是资源得天独厚，产业特色鲜明。凉山为千河之州，西昌是百河之市，境内有大小河流 131 条，全市水能资源蕴藏能量 252 万千瓦，已建成洼垴电站、呷榴河电站等大中型水电站和佑君 500 千伏、裕隆 ±800 千伏等多个大型输变电项目，是国家最大的“西电东送”战略基地。西昌地处著名的攀西裂谷成矿带，矿产资源品位高、埋藏浅、开采条件好、综合利用价值高，有色金属、钒钛磁铁矿保有储量居全国前列，是国家级战略资源创新开发试验区的核心区域。西昌市以钒钛、成凉两大工业园区为主引擎，构建形成钒钛钢铁、新材料、装备制造、新能源、生物医药等多产业集群。依托良好的资源优势，西昌市综合实力不断攀升，先后荣获全国县域经济综合竞争力百强县、四川省县域经济发展强县称号，2021 年中国西部百强县（市）榜单排名第五位。

二是农林业资源多样。西昌属于热带高原季风气候区，光热资源丰富，是国家农业综合开发重点地区，优质水果、精品花卉、地方水禽、生态畜牧、绿色蔬菜独具特色，全市共认证“三品一标”产品 29 个，先后被授予全国粮食生产先进县、全国生猪调出大县、中国洋葱之乡、中国花木之乡、中国冬草莓之乡、全国现代烟草农业示范市、国家蔬菜产业重点县、国家奶牛标准化示范县、国家级杂交玉米种子生产基地、国家级制种大县等荣誉称号。西昌市现拥有林地 1773.71

平方千米、占全市总面积的61.55%，拥有森林1380.29平方千米，森林覆盖率达47.9%，活立木蓄积量1343万立方米，分布有野生动物400余种，野生植物2000余种，荣获国家森林城市称号。

三是文旅融合交相辉映，引领绿色发展。西昌设郡始于秦朝，文化历史悠久，现存5000余种文物古迹和105项非物质文化遗产，西昌古城被列为省级文化名城。境内有汉、彝、回、藏等36个民族，民族风情浓郁，拥有全国唯一的彝族奴隶社会博物馆，火把节、彝族年、毕摩文化等民俗风情精彩纷呈。西昌四季如春，拥有太阳城、月亮城、小春城、航天城的雅称，是中国攀西阳光度假旅游核心区，是大香格里拉旅游环线、川滇旅游黄金线上的重要节点，境内分布邛海-泸山等多个A级景区，酒店民宿客栈数量为全省之冠。

近年来，西昌大力实施“全域旅游、首位产业”战略，旅游集散中心、游客服务中心、公路服务区、自驾营地旅游综合服务体系不断完善，先后荣获中国优秀旅游城市、首批国家生态旅游示范区、首批国家旅游度假区、首批天府旅游名县等称号。通过文旅融合发展，2020年实现旅游综合收入216.67亿元，以旅游为主的服务业占GDP比重为50%、贡献率达79%，成为西昌市国民经济支柱产业，实现产业结构由“231”向“321”转型。

四是环境保护成效显著，筑牢绿色本底。近年来，西昌多措并举，切实改善生态环境质量，为生态文明建设奠定坚实基础。先后实施森林生态效益工程、天然林资源保护等工程，推进退耕还林、大规模绿化行动，实施6期邛海湿地恢复工程，邛海湿地面积达到2万余亩。邛海水域及湿地面积从2006年的不足27平方千米增加至2023年的34平方千米，成为全国最大城市生态保护湿地，荣获国家生态文明教育基地、国家生态环境科普基地称号。

2017年以来，聚焦解决工业废气、餐饮油烟、扬尘、臭氧等突出污染问题，持续开展非道路移动机械暨柴油货车污染治理，完成省州下达的强制性清洁生产审核任务，实施重点企业挥发性有机物污染治理。重点实施西昌盘江煤焦化有限公司焦炉外排烟气环保提升等12个工程减排项目和合力锌业股份有限公司等3个结构减排关停项目。新（改）建城市污水处理厂4座，污水日处理能力达16.1万吨，城镇污水处理率≥85%。西河两沟堰、邛海海潮寺2个城市集中式饮用水水源地建成水质自动监测站并联网，全市30个城乡集中式饮用水水源地保护区全部完成规范化建设。完成康西铜业、合力锌业、大梁矿业等3个地块土壤详查与风险评估工作，污染地块安全利用率达到100%。建成日处理能力1200吨的城市生活垃圾焚烧发电厂，城镇垃圾无害化处理率100%；建成凉山州最大的医疗废物处置中心，处理能力3吨/天；建成处理能力210万吨/年的重钢西昌矿业有限公司低品矿综合利用项目；建成处理能力16.7万吨/年的攀钢集团西昌钒制品科技有限公司钒渣处理厂。大气环境质量优良率保持在98.3%以上，国控断面、集中式饮用水水源地水质达标率保持100%，土壤环境质量总体稳定。

二、生态屏障建设的制约因素与挑战

一是生态环境敏感脆弱，资源承载约束日益趋紧。西昌市森林资源质量不高、分布不均，林分结构单一，森林病虫害高发，气候因素导致森林火灾极易发生。河湖、山溪河流众多，上游流域植被被破坏，33%市域范围存在水土流失风险，原生地质灾害点发育和泸山火灾导致地质灾害隐患点多面广。部分河段生态基流不足，城区河道淤积，部分河段退化萎缩。存在外来生物入侵问题，生物多样性保护压力较大。山地丘陵占全市面积的70%，地块零星破碎，人地矛盾比较突出，人均耕地为1.13亩，耕地资源主要沿安宁河流域分布，区域分布差异较大，局部地区农用地土壤存在污染现象。城市建设与风景名胜区、耕地空间等存在重合冲突，建设用地供需矛盾较为突出。水资源时空分布不均，开发利用不足，现有水利设施配套不完善，季节性、区域性的干旱缺水普遍，工业农业用水效率偏低。

二是环境基础设施建设存在短板。机动车快速增长、常住人口增加等因素导致生活消费性污染加大，邛海上游面源污染制约水环境质量持续改善，农业源和生活源污染治理、监管难度较大。全市已建污水管网收集能力空缺较大，部分区域雨污分流不彻底，存在雨污混接、错接现象，管网老旧破损严重，污水管网建设亟待加强。小庙、邛海污水处理厂接近满负荷运转，城市污水处理能力亟待扩能增效。乡镇污水处理设施运行效率偏低，运维资金缺口较大。农村生活污水存在直排、溢流现象。

三是产业发展质量尚需优化。产业结构性、深层次制约问题仍然突出。西昌市正处于工业化中期向后期过渡时期，经济由高速增长阶段转向高质量发展阶段。现有制造业以钒钛矿开采、建材开采、钢铁深加工等资源加工型的传统产业为主，与生态环境保护矛盾冲突显著。传统制造业竞争力弱、附加值低，受市场成本上升影响较大，战略性新兴产业有效支撑不足，工业经济长效快速增长动能不足。经济发展对能源依赖尚难实质脱钩，全市规上企业耗能量占凉山州总量的71.76%，钢铁、焦化、矿物采选等资源型企业仍是二产主导行业，重工业产值占工业总产值的90%，节能降耗压力较大。钢铁、水泥行业超低排放改造与建材行业深度治理亟待开展，工业锅炉、炉窑脱硫脱硝能力欠缺，污染物减排难度较大。全市工业园区、企业不同程度面临用地、用电、用气、排污等资源要素瓶颈制约，不利于吸引投资和产业高质量发展。

四是城乡发展不平衡不充分。西昌市城乡空间整体呈东西疏、中部密的格局，邛海盆地、城郊和河谷地区集中了70%的人口分布，建设用地供需矛盾突出，制约经济社会发展。二半山区和高山区存在地质隐患，空间碎片化严重，公服设施和基础设施相对较弱。部分村级集体底子较为薄弱，产业发展规模小，市场竞争能力低，抵御风险能力弱。

五是生态文明体制仍需完善，环境保护治理监管能力仍待加强。新时代生态文明建设提出了要构建起产权清晰、多元参与、激励约束并重、系统完整的生态文明制度体系。西昌市生态环境损害赔偿制度、环境资源司法保护机制、环境公益诉讼制度等体现生态文明要求的制度机制尚未得到全面实施，自然资源资产产权制度和用途管制制度仍需进一步健全，生态产品价值实现路径机制需要深入研究，环境保护市场化程度仍滞后于环保发展要求，绿色经济政策仍需不断深化，生态文明制度体系仍需完善。环境监管主要依靠传统手段，物联网、卫星遥感、“互联网＋”、大数据等先进信息技术的创新融合应用较少。土壤、地下水和农业农村生态环境监管人员设备不足、监测和执法能力不足，大气、水环境自动监测站仅集中于主城区与邛海边缘，监测网络覆盖不足。

三、健全生态文明制度体系

一是健全生态环境保护管理制度。强化生态环境分区管控，严格落实凉山州关于生态环境分区管控的要求，细化管控单元，强化生态空间管控与优化布局，推动生态环境分区管控与经济社会发展布局、国土空间规划充分衔接，强化空间引导和分区施策。进一步严格环境准入制度，坚守环境质量底线，严格实施污染物排放总量控制。招商引资工作中，明确高耗能、高排放和资源型行业准入条件，明确资源配置的具体要求及能源节约和污染物排放等指标。优化产业结构和空间布局，根据各街道、乡镇、产业园区的资源禀赋、环境容量和生态状况，设置环境准入门槛。全面落实污染物排放许可证制度，继续深入开展排污许可证核发工作，对污染源排污情况实行总量和浓度动态管理。到2022年，固定污染源排污许可证核发率100%，形成以排污许可制度为核心，有效衔接环境影响评价、污染物排放标准、总量控制、排污权交易等环境管理制度的“一证式”固定源排污管理体系。不断深化环评审批制度改革，加强城镇化资源利用和产业园区规划环评，将环境影响评价从项目层次提升到决策层次。建立规划环评和项目环评联动机制，将区域和园区规划环评作为受理项目环评文件的重要依据。推行对环境有重大影响的规划和建设项目环境影响跟踪评估制度。健全落实环境信息公开制度，全面公开环境质量信息和环境监管信息，建立定期和动态相结合的信息发布机制。强化重特大突发环境事件信息公开，对涉及群众切身利益的重大项目及时主动公开。加快推进企业环境信息全要素公开。监督重点排污单位、上市公司、实施强制性清洁生产审核的企业按要求披露环境信息。强化生态环境保护督察制度，严格落实中央、省级生态环境保护督察制度，完善排查、交办、核查、约谈、专项督察“五步法”工作模式，实行销号办结制，限期整改，动态监管，实现督查督办常态长效。

二是全面落实资源高效利用制度。落实自然资源资产产权制度和用途管制制度，加快自然资源统一确权登记。对西昌市自然资源的所有权和所有自然生态空间统一进行确权登记，建立登记信息管理基础平台。优先推进邛海-螺髻山国家级风景名胜区等自然保护地和邛海、西河等饮用水源保护区重要生态空间的确权登记。清晰界定国土空间各类自然资源资产的所有权主体，制定权利清单，明确各类自然资源产权主体权利，划清全民所有和集体所有之间的边界，划清全民所有、不同层级政府行使所有权的边界，划清不同集体所有者的边界。全面落实自然资源资产产权交易机制。按照国家、省、州自然资源产权制度改革统一部署和要求，严格实施反映稀缺程度和供求关系的自然资源定价机制。完善土地、水、矿产资源有偿使用制度，探索推进国有森林有偿使用。编制自然资源资产负债表。根据《国务院办公厅关于印发编制自然资源资产负债表试点方案的通知》的相关要求，有序推进自然资源资产负债表编制工作。

三是探索建立促进生态产品价值转化的机制。按照国家、省、州部署，探索构建西昌市生态系统生产总值（GEP）核算体系，探索建立GDP和GEP双核算、双运行的绿色经济考评体系。探索推动GEP核算成果在绿色发展财政奖补、国土空间管控、生态系统保护修复、环境治理评估、自然资源资产负债表编制等领域的应用。探索生态环境导向的开发（EOD）模式，融合生态治理与产业发展。

四是建立资源环境承载力监测预警机制。严格执行上级下达的国土资源、能源、水资源等资源利用上线，合理确定城镇人口规模、产业规模、建设用地供应量、水资源可利用量、能源消费总量。建立资源环境承载能力监测预警长效机制，切实将各类开发活动限制在资源环境承载能力之内。

五是深入推行河（湖）长制、林长制、田长制。持续深入实行河长、湖长定期巡查制，加大各级河（湖）长考核力度。加强河道、湖库日常管理，强化水环境整治责任落实。健全林长制组织体系和制度体系建设，强化林长对责任区域内森林、林地、湿地、公园绿地、绿道以及野生动植物、古树名木等林业园林资源的保护发展责任制度。全域推行田长制，牢牢守住耕地保护红线和永久基本农田控制线，推动新建高标准农田建设，确保粮食面积和粮食产量稳定。

六是实行最严格水资源管理制度。严格水资源开发利用总量控制和用水效率控制管理。严格实施取水许可和建设项目水资源论证制度，落实建设项目节水“三同时”制度。建立健全水资源监控和计量统计制度。探索实行行业间、用水户间水权交易，节约水量有偿转让制度。强化节水约束性指标控制，对纳入取水许可管理用水户和公共供水管网非居民用户实行定额（计划）管理，逐步落实农业、工业、服务业以及生活领域用水定额。

七是落实能源“双控”管理和节约制度。严格执行上级下达的能源消费总量和强度控制目标，合理分解落实到各行业领域、各街（镇、乡）和重点用能单位。完善能源统计制度。健全节能目标责任制和奖励制。健全节能低碳产品和技术装备推广机制，强化节能评估审查和节能监察，加强对可再生能源发展的扶持。建立健全碳排放总量控制制度，实施低碳产品标准、标识和认证制度。

八是落实最严格的耕地保护制度和土地节约集约利用制度。全面实行永久基本农田特殊保护，守住永久基本农田控制线，坚决防止永久基本农田非农化。已经划定的永久基本农田原则上不得随意调整和占用。重大项目建设、生态建设等经国务院批准占用或调整永久基本农田的，按照永久基本农田划定的有关要求，补充调整相当数量和质量的永久基本农田。落实耕地保护共同责任机制，严格实行耕地占一补一、先补后占、占优补优政策。实施建设用地总量控制，建立城镇低效用地再开发激励机制，建立新增建设用地计划分配与盘活存量建设用地相挂钩制度。

九是建立资源循环利用体系。实行生产者责任延伸制度，推动生产者落实废弃产品回收处理等责任。加快建立有利于垃圾分类和减量化、资源化、无害化处理的激励约束机制。建立种养业废弃物资源化利用制度，实现种养业有机结合、循环发展。建立资源再生产品和原料推广使用制度，鼓励相关原材料消耗企业使用一定比例的资源再生产品。建立限制一次性用品使用制度。

四、健全生态保护和修复制度

一是建立生态环境整体保护修复制度。建立健全山水林田湖草系统修复和综合治理机制，统筹山水林田湖草一体化保护和修复。坚持政府管控与产权激励并举，按照谁修复、谁受益原则，通过赋予一定期限的自然资源资产使用权等产权安排，激励社会投资主体从事生态保护修复。定期开展自然保护地管理保护成效评估、生物多样性保护成效评估工作。推进生态修复、山水林田湖草系统治理等工作成效的评估。建立完善生态修复项目监督考核和长效管护机制，巩固生态修复成果。

二是完善生态补偿制度。建立健全区域生态补偿制度，对承担基本农田、生态公益林、饮用水水源保护区等保护责任的主体实施生态补偿。研究和制定区域的多元化生态补偿机制和途径，在保留一定的货币财政转移支付补偿外，积极探索产业、科研、教育、基础设施等多种补偿形式的可行性，建立健全多渠道利益补偿机制。

三是落实生态损害赔偿制度。严格落实生态环境损害赔偿相关制度，进一步明确生态环境损害赔偿范围、责任主体、索赔主体、损害赔偿解决途径等，形成相应的鉴定评估管理和技术体系、资金保障和运行机制。加快推进生态环境损害鉴定评估专业力量和队伍建设。研究制定鉴定评估管理制度和工作程序，保障生态环境损害鉴定评估机构独立开展鉴定评估，做好与司法程序的衔接。探索多样化责任承担方式，加强生态环境修复与损害赔偿的执行和监督，对磋商或诉讼后的生态环境修复效果进行评估，确保生态环境得到及时有效修复。公开生态环境损害赔偿款项使用情况、生态环境修复效果，接受公众监督。

五、建立健全现代生态环境治理体系

一是健全生态环境治理监管体系。按照国家、省、州的统一部署，全面完成生态环境垂直管理制度改革。严格落实“双随机、一公开”环境监管模式。推动跨区域跨流域污染防治联防联控。完善跨部门环保协调机制，建立权威统一的生态环境执法体系，推进联合执法、区域执法、交叉执法。完善地上地下、水陆统筹的生态环境治理制度，统筹污染要素协同治理、不同区域协同治理。完善市、街道（镇、乡）、村（社区）三级环保网格监管体系，实施环境监管网格化、全覆盖管理。充分发挥已有网格作用，将大气污染防治网格化管理纳入网格化服务管理机制中，实现资源共享，一格多能。优化配置监管力量，推进街道（镇、乡）、工业园区环保机构规范设置，提高环境监管服务水平。推动生态环境方面司法创新，实现生态环境执法与司法的有效衔接。建立生态环境保护综合行政执法机关、公安机关、检察机关、审判机关信息共享、案情通报、案件移送制度。强化对破坏生态环境违法犯罪行为的查处侦办，加大对破坏生态环境案件起诉力度，加强检察机关提起生态环境公益诉讼工作。

二是健全生态环境治理全民行动体系。拓宽环保监督渠道，畅通来电、来信、来访、微博、微信、网络等举报通道，充分发挥“12369”环保举报热线作用。完善举报反馈机制，实施生态环境违法行为举报奖励办法，严格落实举报人保护制度。建立市、街道（镇、乡）、村（社区）三级环境信访信息收集与报告网络体系。发挥媒体监督作用，畅通新闻媒体征集污染环境问题线索通道。

三是健全生态环境治理市场体系。构建规范开放的市场，深入推进“放管服”改革，引导各类资本参与环境治理投资、建设、运行，推进环保产业健康有序发展。培育专业化骨干企业，扶持专特优精中小企业，推动环境治理向市场化、专业化、产业化发展。

四是建立健全生态环境治理信用体系。建立健全环境治理政务失信记录，探索将各级政府、部门和公职人员在环境保护工作中违法违规等信息纳入政务失信记录，依法依规逐步公开。健全企业信用建设，积极推进企业环保信用评价制度，依据评价结果实施分级分类监管。建立排污企业黑名单制度，将违法企业纳入失信联合惩戒对象名单，将其违法信息记入信用记录，并按照国家有关规定纳入全国信用信息共享平台，依法向社会公开。

六、严格落实生态环境保护责任制度

一是完善生态文明建设政府目标责任体系。进一步明确生态文明建设成员单位职能职责，建立分工明确、责权清晰的环境监管和环境保护工作体系，建立规范化、程序化协作机制和工作流程。制定西昌市生态文明建设年度实施方案，分解落实建设任务，确保各项工程和任务落细落实。

二是强化党政干部生态文明考核评价制度。树立科学的政绩观，优化完善生态文明领域的考核，建立体现生态文明要求的目标体系、考核办法、奖惩机制，将环境破坏成本、生态资源消耗等反映生态效益的指标纳入考评体系中，保持生态文明建设工作占比在20%以上。在文明单位、先进单位创建等评奖评优活动中，把生态环境相关工作作为重要内容纳入评比条件。

三是深化党政领导干部自然资源资产离任（任中）审计。全面深入推进领导干部自然资源资产离任（任中）审计。围绕领导干部任职期间履行自然资源管理和生态环境保护责任情况，重点关注领导干部履行生态文明建设责任，并将审计结果作为领导干部任职考核的重要依据。

四是严格执行生态环境保护“党政同责、一岗双责”制度。严格执行《四川省党政领导干部生态环境损害责任追究实施细则（试行）》，严格执行党委、政府领导班子和领导干部生态文明建设党政同责、一岗双责。健全西昌市生态环境保护“党政同责、一岗双责”工作机制，完善生态环境保护责任规定，落实生态环境保护责任清单，建立管发展必须管环保、管生产必须管环保、管行业必须管环保的生态环境保护工作责任体系。

五是建立企业生态责任制度。推行企业环保自律，引导企业提升生态环保意识，明确企业环境保护主体责任要求。对企业自身破坏的生态环境，明确企业责任，引导企业主动修复治理。

七、优化生态空间体系

一是实施差异化生态空间管控。实施主体功能区战略，强化国土空间规划和用途管控，加快完善西昌市“两级三类”国土空间规划体系。建立国土空间基础信息平台，形成国土空间规划“一张图”，实现主体功能区战略和各类空间管控要素精准落地。落实分区传导、底线管控、指标控制、名录管理、清单管理方式，健全国土空间用途管制体系，严格按照规划用途批地供地。

二是严守生态保护红线。强化生态保护红线刚性约束，按照国家、省、州部署，开展生态保护红线勘界定标工作，明确空间范围和坐标界线，建立生态保护红线台账数据库。加强生态保护红线监管，开展日常巡护，加强政策宣传，制定人为活动准入“正面清单”，严禁开展与主导功能定位不相符合的开发利用活动。

三是加强自然保护地管理。开展邛海-螺髻山风景名胜区、泸山森林公园、尔舞山森林公园、邛海国家湿地公园、松涛森林公园等自然保护地勘界定标，在重要地段、重要部位设立界桩和标识牌。加强野外保护站点、巡护路网、监测监控、应急救灾、森林草原防火、有害生物防治和疫源疫病防控建设，实现自然保护地管理规范化和标准化。

四是优化河湖岸线保护。按照省市相关要求划定主要河流岸线保护区、岸线保留区、岸线控制利用区和岸线开发利用区，岸线保护区和保留区禁止建设可能影响保护目标的建设项目。为满足生活生态岸线开发需要划定的岸线保留区，除建设生态公园、江滩风光带等项目

外，不得建设其他生产设施。

八、统筹生态、农业、城镇空间

合理控制国土开发强度，统筹安排城市生态、农业、城镇空间，构建科学合理、高质量的美丽国土空间格局。西昌市基本形成“六分山水、三分田、一分城”的总体格局。

一是全面打造绿色生态屏障，维护山水本底和生态服务功能。西昌市生态空间约占市域面积的65.7%。以自然保护地、生态保护及重要区域、河流为基础，构建“一廊两园三屏障”的生态保护格局。一廊为安宁河谷廊道；两园为邛海自然公园和泸山-螺髻山自然公园；三屏障为雅砻江生态屏障、牦牛山-马鞍山生态屏障和东山-螺髻山生态屏障。保障农业空间提质增效，农业空间约占市域面积的27.9%。围绕农村农业优化发展，重点保护安宁河谷优质农田和高山生态农业，加快发展现代特色农业和都市休闲农业，促进耕地连片保护和农田质量提升，推动农业生产提质增效。调整完善“一带、五区、七沟”的乡村发展空间布局。“一带”即安宁河谷农文旅产业带；“五区”即城郊融合产业片区、邛海康养产业片区、高山生态产业片区、二半山高效农业产业片区、螺髻山旅游产业片区；“七沟”即响水山谷农业沟、樱桃乡村旅游沟、绿色环保产业沟、安哈彝族风情沟、拖琅河山水休闲沟、尔舞山森林生态沟、黄联关生态旅游沟。引导城镇紧凑集约发展，优化布局承载城镇开发和集中建设，城镇空间约占市域面积的6.4%。加快推进西昌市国土空间规划落地实施，根据开发边界和西昌市资源环境承载能力，综合确定城市人口终极规模和相应的用地规模，根据终极规模对现状规模城市开发边界进行评估修正。

二是加快构建城镇发展新格局。构建“一体两翼多点”的城镇发展格局。“一体”为安宁河谷城镇一体化发展地区，提升同城化发展水平。“两翼”为西翼绿色转型发展示范区、东翼文旅康养产业发展示范区。“多点”指实现主城集约高效与小城镇特色化发展，培育一批制造类特色集镇，信息、科创、金融、教育、商贸、文化旅游、森林、体育、康养等现代服务类特色集镇，以及农业田园类特色集镇。推动西昌形成西进、南拓、北提、东控、中优的区域错位发展新格局，构建疏密有致的“树状”城市空间布局。“西进”依托西昌西站建设，加快聚集商业、商务、总部、金融、行政、产教研等高端业态，建成高铁枢纽经济区。“南拓”沿安宁河形成带状组团布局产城融合、高端要素聚集的河谷新区，重点打造钒钛研发、生物医药、航空航天、电子信息、高端装备、智慧物流等产业集群。“北提”以成凉工业园区为核心，布局发展康养休闲、现代服务业，打造产城融合示范区。“东控”以邛海-泸山为景观生态核心，深度融合山水景观，打造城市花园。“中优”实施城市更新和补短板行动，持续推进“生态文明示范街”建设和老城区综合整治，着力打造功能提升、配套完善、生态优化、形态美观、文化传承的现代化城市。

三是构建现代工业体系。推动钒钛、成凉两大工业园区升级，加大园区生产配套服务平台建设支持力度，有序推进省级高新技术产业园区和国家级高新区创建。实施高端化特色化发展，推动传统产业高端化、智能化、绿色化，依托攀西战略资源创新开发试验区建设，推进钒钛资源综合利用，建成国家级钒钛新材料产业基地。推动跨安宁河西岸绿色转型发展，打造总部经济聚集高地，构建高端现代产业体系。推动支柱产业延链补链，依托攀钢集团西昌钒钛资源综合利用项目，打造以钒、钛合金为基础的钢铁装备元器件产业链，积极推动军民融合发展，重点发展航天航空领域、船舶领域钛材功能部件和增材制造等产业；打造以海绵钛为基础的钛材产业链、以钒铝合金、钛合金及高档钛材为主的新材料产业链，补充建立高端钛金属产业链；积极打造钛材医疗器械生产基地，配套引进与钛材医疗器械配套的设计、加工和制造企业，加快新建医疗用钛材生产线，打造攀西地区钒钛医疗器械产业集群。培育壮大优势特色产业，做强做大以清洁能源、装备制造、食品加工、新型建筑建材为主的特色工业体系。积极发展水电、光伏等优势产业，推动水电光互补开发。推进装备制造业产业配套能力建设，重点推动矿山机械、水电设备、工程机械、大型钢构、锻压铸造等发展，积极发展航空航天及汽车高端零部件产业，加快布局研发生产机身零部件、通用机载设备及机载设备集成系统等配套产品，推动轨道交通、农业及工程机械设备制造发展。推动优质农产品资源深度开发，形成以啤酒、核桃产品、苦荞产品、肉类制品、果蔬、调味品等特色优势产品为主，具有西昌特色的食品饮料产业集群。加快新型建材、节能透水砖等项目的建设，打造新型建筑材料产业集群，深入推进装配式建筑发展。突破发展战略新兴产业，突破发展电子信息、智能制造、新能源、航空航天、生物医药、节能环保 6 大战略性新兴产业。围绕新型软件产品开发和数据存储处理、信息技术咨询、系统集成、网络信息安全保障等重点领域，打造电子信息产业转移转化应用基地。大力发展智能制造成套装置、关键智能基础零部件、智能仪器仪表等的研发生产，加快可视加工、远程控制和远程故障诊断的智能化加工中心建设。探索建立高速氢走廊，引导和鼓励有技术实力的企业提前布局大功率、低氢耗、长寿命的氢能重卡产品，推进燃料电池产业化示范应用。积极引进无人机特种飞行器等项目，打造通用航空小型无人机装备制造产业集群，打造通用航空产业基地。创新生物医药产业，打造中药材种植、中药饮片加工、中药提取物、中成药及相关保健产品生产等中药加工制造产业链，加快培育中药科技等现代中药材深加工产业链。重点发展钒钛资源深加工与钛产业链拓延、废渣资源化再利用，推动建成国家级钒钛新材料高新技术循环经济产业基地。推动数字经济和实体经济融合发展，推动数字产业化，大力发展“数字+产业发展基地”模式，积极推动移动凉山大数据中心建设项目、联通攀西大数据中心项目、西昌市数字经济产业园等项目建设，形成一批大数据园区、数字经济集聚区。推动数字化由生产制造环节向企业资源、供应链、仓储物流管理等环节延伸，强化设计、生产、运维、管理等全流程数字化功能集成，拓展垂直领域专业化服务场景。

四是加快发展现代农业产业。做大做强特色农业产业，优化一带、五片、八沟的农业生产格局，推动优质水稻、玉米制种、特色水果、精品花卉、地方水禽、生态畜牧、绿色蔬菜等特色鲜明的优势产业高质量发展。深入实施大凉山特色农产品品牌发展战略，打造地方知名农产品品牌，增强产品核心竞争力。构建以大型企业为龙头，以增长型企业为支撑，以中小型企业为主体的加工型产业结构，建设一批优势农产品初级加工中心（车间）及特色食品加工产业示范基地，形成完善的种养-加工全产业链条。推进现代农业园区建设，大力实施“北花南菜中部果，高绿坝错产相融”产业发展战略，按照“园区＋基地”模式，构建“1＋2＋4＋N”农业产业园区体系。提升农业现代化水平，大力发展“智慧农业”，加强信息技术与农业生产融合应用。大力推广循环农业，打造新型多层次循环农业生态系统。健全动物防疫和农作物病虫害防治体系。加快农业科技成果转化应用，加大绿色技术供给、技术集成和示范推广。建立农产品质量安全追溯平台，健全从农田到餐桌的农产品质量和食品安全监管体系。

五是加快发展现代服务业。培育壮大 4 大支柱型服务业，加快壮大现代物流、文化旅游、商业贸易、现代金融 4 大支柱型服务业，推动现代服务业同先进制造业、现代农业深度融合。加快攀西（装配建材）物流港、西昌市粮食物资储备和物流中心等项目建设，建设立足攀西、辐射西南、货通全国的大型现代信息化物流园区。积极打造成渝地区阳光康养“后花园”，加快发展生态旅游、文化旅游、康养旅游等城市综合旅游业态，推动特色优势产业与文体旅游产业的深度融合。

加快传统商贸业升级转型，布局发展一批高端商务及现代化都市商业，大力培育十亿级商业综合体和本土品牌企业集团。持续加强金融支持产业发展力度，推动搭建依托征信系统的金融支持产业融资平台。促进四大成长型服务业升级发展，积极推动泛科技、大康养、大餐饮、泛服务 4 大成长型服务业向专业化和价值链高端延伸。加快推进钒钛与稀土产业总部（中心）、电商直播中心、数字化社区等项目建设。积极发展以阳光休闲产业、休闲度假产业、文化创意产业为特色的大康养产业。推动西昌本土老字号餐饮企业品牌化、连锁化发展，实现西昌菜与西昌特色农产品精深加工产业链群的有效互动。大力发展电商和信息服务产业，重点发展医疗、体育、教育、文化、会展等公共服务业，形成适应广大群众日益增长的物质文化需求的新型泛服务体系。

六是打造阳光康养度假旅游目的地。打造全域旅游度假示范区，深度推进文旅融合发展，加快构建“一核驱动、一带串联、两翼拓展”的全域旅游发展总体格局。“一核”即邛海文旅康养发展核，打造宜居、宜业、宜旅、宜商的国际化康养度假新城；“一带”即安宁河谷乡村旅游发展带，加快打造“1 廊 2 镇 7 景 5 园 1 基地”的休闲农业与乡村旅游发展带；“两翼”即东翼森林运动康养休闲区和西翼高山民俗康养体验区。森林运动康养休闲区重点发展山地运动、特色村寨、康养基地、温泉养生等；高山民俗康养体验区积极发展高山生态自驾营地、民俗度假体验等。做强做精康养旅游，完善康养产业布局，全面构建康养产业服务体系，以邛海旅游度假区为核心，结合西昌优质的阳光气候条件，依托西昌温泉资源，大力开发温泉理疗、养生保健等温泉度假旅游产品。依托国家森林城市，积极开发森林康养、山地康体、生态探秘等森林旅游产品。加快构建阳光康养度假产业链条，延伸开发康体养生、养老旅居、农业庄园、乡村旅游、节庆赛事等相关产品，促进与农业、健康业、文化业、服务业的深度融合，构建多元化康养产业体系。

七是提升生态价值转化能力。探索生态产品价值实现模式，以产业生态化、生态产业化为路径，积极探索生态产品价值实现路径。从“生态+”与“+生态”两个维度构建发展活力足、竞争能力强、特色鲜明的生态产业体系，以良好的生态环境拉动经济的高质量发展。围绕古城、邛海泸山魅力景观圈，以绿道、公园作为满足市民生活消费需求的载体，加快绿道体系结网成链和公园体系筑景成势，提高城市生态环境水平以及生态服务功能，吸引产业、商业、住宅、饮食等项目落户，实现价值共创。继续实施安宁河谷农、文、旅生态走廊等乡村生态工程，推进生态旅游沿线及周边环境基础设施建设与环境整治，促进生态资源与旅游、文化、康养等产业融合，创新新兴生态旅游产品。开展试点工程，形成一批可复制、可推广、可应用的生态产品价值实现创新实践模式。加快生态资源的经济转化，加快培育具有地方特色的生态产品品牌，提升产品生态溢价。依托邛海-泸山-螺髻山资源优势，加快发展和提升高端生态旅游森林康养、湿地度假等产业。加快现代林业产业基地建设，大力发展珍稀林木和经果林等特色经济林和花卉苗木。建设“九重点”绿色生态农业示范基地，满足绿色优质农产品和生态产品供给需求。围绕资源环境有偿使用，激活生态产品市场的储备需求、投资需求，引导和激励碳排放权、用能权、水权、林权等权益交易。

八是强化资源节约利用。加强水资源节约循环利用，全面落实《国家节水行动方案》《四川省节水行动实施方案》，把节约用水贯穿经济社会发展全过程和各领域。推广节水型生活用水器具，降低城乡供水管网漏失率。加快培育集约、节约的生产生活方式和消费模式。加强节水型产业园区建设，通过循环用水，提高用水的重复利用率，鼓励企业间串联用水、分质用水、一水多用和梯级利用。加快培育集约、节约的生产生活方式和消费模式。大力推进节约集约用地，精准化配置土地资源，统筹产业集聚区与城市功能建设，发展以产业链为纽带的多层次、多样化产业空间载体，提高产业发展集聚度和土地投入产出率。探索土地混合利用立体开发，鼓励功能用途互利的用地混合布置、空间设施共享。合理安排土地利用年度计划，加大存量建设用地挖潜力度，盘活农村存量建设用地，有效整合城镇闲散用地，提高土地利用效能。结合低效建设用地再开发和城市更新工作，积极推行存量工业用地复合化改造。

九是促进循环经济发展和清洁生产。实施工业园区循环化改造，显著提升绿色低碳循环发展水平。建设和引进关键项目，推动产业循环式组合、企业循环式生产，促进项目间、企业间、产业间物料闭路循环、物尽其用，切实提高资源产出率。重点发展钒钛资源深加工与钛产业链拓延、废渣资源化再利用，推动国家级钒钛新材料高新技术循环经济产业基地建设。开展节能降碳改造，推动企业产品结构、生产工艺、技术装备优化升级，推进能源梯级利用和余热余压回收利用。加强废水、废气、废渣等污染物集中治理设施建设及升级改造，实行污染治理的专业化、集中化和产业化。积极开展清洁化生产改造，突出抓好工业领域清洁生产，持续推进建材、钒钛钢铁、新材料、装备制造行业企业开展清洁化改造。大力推行农业清洁生产，强化节地、节材、节水，形成高效、清洁的农业生产模式。探索推进服务业清洁生产，推动住宿餐饮、电商快递、汽车维修和拆解、可再生资源回收与利用等行业以及学校等公共机构开展清洁生产试点。

十是推动双碳建设，积极应对气候变化。落实国家和省、州关于碳达峰、碳中和重大战略部署，明确碳中和时间表路线图，实施二氧化碳排放控制专项行动，建立碳排放总量和强度双控制度，强化大气污染物与温室气体协同控制，加快调整能源结构、交通运输结构，强化工业领域碳排放控制，对钒钛资源综合利用主导产业提出明确的碳达峰目标，控制农业生产活动温室气体排放，增强碳汇能力，促进经济社会发展全面绿色转型。

推动能源结构低碳转型，优化调整能源结构。控制煤炭消费总量，加强煤炭清洁利用，推动工业锅炉、炉窑清洁能源替代工作，加快淘汰城区与工业园区20蒸吨/小时及以下燃煤锅炉。提高钒钛产业园区、成都·凉山工业园区基础设施配套水平，增强供能可靠性和安全性。推进新能源汽车充电桩建设，坚持桩站先行、适度超前，优化完善新能源终端设施布局，优化电力、天然气等传输通道，提升能源供给能力。提升能源利用效率，加强工业、建筑、交通等重点领域节能、重点用能单位考核，加快节能技术改造，组织实施热电联产、余热余压利用、锅炉（窑炉）改造、建筑节能等节能重点工程，推行合同能源管理，促进企业节能降耗。持续实施节能减排促消费政策，加大节能技术产品研发和推广力度，加强节能监察，查处违法用能行为，单位地区生产总值能耗降幅达到州级考核要求。

提升重点领域低碳发展水平，开展碳达峰碳中和路径研究。科学研判碳排放变化态势，开展二氧化碳排放达峰路线研究，制定二氧化碳排放达峰总体目标和阶段性任务，推进攀钢集团西昌钢钒公司碳达峰行动方案制定。以钢铁、水泥、化工等行业为重点，控制煤炭、石油等化石能源消费总量。完善天然气储销体系，提高输送期储气调峰供应能力。控制工业企业二氧化碳排放，推动钢铁、建材、化工企业技改，使用该领域先进工艺技术，推进攀钢集团西昌钢钒公司烧结机机尾余热收集减污降碳设施建设，鼓励航天水泥进行生产原料替代。控制建筑领域二氧化碳排放，全面推行绿色低碳建筑，逐步实施既有居住建筑和公共建筑的绿色节能改造；加大绿色低碳建筑管理，强化对公共建筑用能监测和低碳运营管理。

构建绿色碳汇体系，推进森林、草地、湿地等水源涵养、气候调节、固碳释氧、维系生物多样性等生态功能价值核算，开展碳汇能力评估。推进山水林田湖草一体化系统治理，实施生态保护和修复重大工程，加快碳汇资产建设，提升生态系统碳汇能力，发展碳汇经济。

强化温室气体排放控制，加强甲烷、氧化亚氮、氢氟碳化物、全氟化碳、六氟化硫、三氟化氮控制。加强发电、供电企业及输变电站电力设备六氟化硫排放管控与回收利用，推广替代技术。控制农业生产活动温室气体排放，加强土壤培肥，增加土壤有机碳储量，提升农田土壤碳汇能力。控制农田和畜禽养殖甲烷和氧化亚氮排放，加强污水处理厂和垃圾填埋场甲烷排放控制及回收利用。加强高温热浪、持续干旱、极端暴雨、低温冻害等极端天气气候事件及其诱发灾害的监测预警预报，完善相关灾害风险区划和应急预案。加强气候变化影响及风险评估，强化市政、水利、交通、能源等基础设施气候韧性，提高农业、林业重点领域气候适应水平。完善输变电设施抗风、抗压冻应急预案，增强用电高峰电力供应保障及调峰能力，加快布局抽水蓄能、清洁调峰项目。

九、统筹山水林田湖草系统治理

统筹山水林田湖草系统治理，深入推进天然林资源保护工程，加强邛海湿地生态保护治理，实施生物多样性保护重大工程，开展大规模国土绿化行动，加强森林防火、病虫害预测预报和外来有害生物的防控工作，确保生态环境安全。

一是全面提升生态系统服务功能。全面推进森林、湿地、草地保护修复和城市绿地体系建设，提升生态系统稳定性和多样性。实施森林质量精准提升工程，加强退化林修复和低效林改造。实施重要湿地补水工程，连通河湖水系，恢复湿地功能。开展国土绿化行动，实施城市生态更新行动，推进“城市生态圈”与“绿色走廊”功能完善与生态修复，推动生态公园创建，完善城市绿地体系。加强生物多样性保护，实施生物多样性保护工程，加强邛海湖盆、天然林、水生态保护以及生物多样性保护。加强生物安全和外来物种入侵风险管理，综合防控紫茎泽兰、凤眼莲、大薸等入侵植物。加大森林病虫害防治力度，实施野生动植物保护工程，加强濒危野生动物、野生动物救助中心、珍稀濒危野生植物保护培育基地建设，恢复珍稀濒危野生动物栖息地，积极开展迁地保护。建立健全野生动物保护监测体系、野生动物疫源疫病监测体系，提升野生动物监测能力。提高水生生物多样性，完善雅砻江、安宁河、邛海增殖放流管理机制，实施并优化梯级水库鱼类增殖放养措施，加快恢复水生生物种群适宜规模。提升水生生物保护能力，贯彻落实长江流域“十年禁渔”，完善水生生态和渔业资源监测预警体系。加强林草资源保护与修复，实施天然林保护修复、森林质量精准提升等重点生态工程，开展邛海湖盆及周边的植树造林、退耕还林、封山育林、林地补植，提高植被覆盖率。积极推进“天保工程”切实保护天然林资源，加强资源林管理，加大天然林监管执法力度。积极推进泸山森林火灾植被修复，因地制宜开展功能林地建设，推进宜林“四荒”造林全覆盖，逐步消灭邛海周边及安宁河流域“天窗”。扩大退耕规模，落实国家新一轮规划的退耕还林工程。加强美丽河湖建设，加强重点河湖（库）生态环境保护治理，优化自然河湖水系网络格局。推进安宁河干流、重要支流以及邛海入海河流的水源涵养工程建设。推进河湖水域岸线管控，实施最严格管控制度，树立河湖水域岸线严格保护意识。因地制宜推进河湖岸线景观带建设，以“一湖四河多区”为重点加强邛海自然岸线保护与湿地管理保护，推动邛海流域截污管网建设，邛海生态清淤，持续开展邛海湖滨带生态修复治理。加强耕地保护，以沿安宁河河谷流域及邛海湖盆周边集中连片耕地的区域为重点，实现耕地和基本农田集中连片保护。大力开展基本农田综合整治，与中低产田改造及高标准农田建设规划相衔接，配套完善农田基础设施，改善农业生产条件，提高耕地、基本农田地力等级和综合生产能力。合理引导农用地结构调整。积极引导种植业内部结构调整，不因农业结构调整降低耕地保有量。

二是开展生态修复与地质灾害治理，开展邛海周边入湖河流与东、西两河上游等区域水土流失预防保护与综合治理，实施清洁小流域建设和坡耕地综合整治。加强地质灾害监测预警工程建设，建立三级群测群防监测网络，将全市 382 处地质灾害隐患点及 11 个重点监测区纳入监测预警系统。针对危害严重、稳定性较差、不能或不宜采用搬迁避让的地质灾害点实施地质灾害治理工程。对森林火灾造成的地质灾害隐患 30 处实施工程治理。实施矿区地质环境治理、地形地貌重塑、植被重建等生态修复工程。对全市 37 座矿山迹地按照宜耕则耕、宜林则林、宜景则景的原则，差别化推进矿山地质环境保护与恢复治理，推进历史遗留无主矿山和废弃矿山的复垦复绿，消除安全隐患。全面开展矿地综合开发利用，优化配置土地资源。健全流域污染联防联控机制，建立流域协作制度，加强雅砻江、安宁河上下游各级政府、各部门之间协调配合，实施联合监测、联合执法、应急联动、信息共享。建立跨区域饮用水卫生监督与长效管理机制。

深入实施工业企业污水处理设施升级改造，重点开展造纸、焦化、酿造等行业专项治理，全面实现工业废水达标排放。加强钒钛产业园区涉重金属企业地面防渗、硬化工作，消除“跑冒滴漏”现象。控制工业企业氮磷等营养物质排放，进一步谋划对环境激素和持久性有机污染物的控制。推进工业园区“零直排区”建设。加强企业废水预处理和排水管理，严格执行污水处理厂接管标准，保证污水厂稳定运行。

加快老旧城区、城乡接合部的生活污水收集管网建设，加快消除建成区收集管网空白。实施混错接、漏接、老旧破损管网更新修复，加速推进雨污合流区域的分流制改造进度，提升污水收集效能。新建两河口污水处理厂，提升高新区污水处理能力，保障已建城镇污水处理设施稳定运行、达标排放。推进污泥集中焚烧无害化处理和资源化利用。提升水源地水质监测能力，加快视频监控、在线监测等水质预警能力建设。定期开展集中式饮用水水源地及周边区域环境状况和污染风险调查评估。加强邛海与西河两沟堰集中式饮用水水源地风险防控与水质监测预警能力。推进大桥水库引水工程。新建或恢复水源地周边生态缓冲带，建设水生态涵养区。

三是加强大气污染防治。强化污染物协同治理和区域联防共治，强化 $PM_{2.5}$ 和臭氧污染物协同治理，加强部门协调联动，严格落实重污染应急预案。加强春夏臭氧污染控制，强化科技支撑，制定挥发性有机物（VOCs）和氮氧化物（NOx）协同减排计划。进一步强化冕宁-西昌-德昌同城化大气污染联防联控工作，开展区域大气污染专项治理和联合执法。严控“两高”产能，以攀钢集团西昌钢钒有限公司为重点，推进钢铁、建材、焦化等行业超低排放改造与深度治理。持续推进“煤改电”，加强砖瓦等行业落后产能淘汰，实施钢铁、烟草、啤酒制造等重点行业燃煤锅炉深度治理。强化重点污染源废气自动在线监控。强化挥发性有机物综合治理，严格涉及挥发性有机物排放的建设项目环境准入，持续推进工业企业低（无）挥发性有机物原辅材料替代，加强钢铁、焦化、垃圾发电等行业领域关键环节挥发性有机物治理突出问题排查整治，扎实推进化工和医药、汽修、干洗等重点行业挥发性有机物治理。加强汽油储油库、油罐车、加油站油气回收装置安装使用情况检查。加强工业园区污染治理。推进“一园一策”废气治理，建设抑尘喷洒工程中心、溶剂回收中心等基础设施。强化园区大气监测监控能力，建立健全覆盖污染源和环境质量的园区大气自动监测监控体系，保障经久空气预警站稳定运行，提升大气环境管控水平。严格施工工地扬尘监管，建立和完善工地扬尘管理信用考核体系。提高城市道路扬尘治理和监测水平，强化城市道路快速巡回保洁。加强渣土运输车辆管控，合理规划渣土运输通道。严控餐饮油烟污染，建设城市餐饮服务业油烟综合管理平台，强化餐饮服务企业油烟排放规范化整治。加强农业面源污染控制，强化秸秆禁烧和综合利用工作，建立与周边区（市）县秸秆禁烧联防联控机制，推动秸秆综合利用与农村人居环境改善的有机结合。加强城市疏堵保畅治理，调整优化运输结构，大力发展绿色交通，推进大宗货物运输“公转铁”。提升城市道路交通智能化和精细化管理水平。加大新能源汽车推广，严格机动车环保管理，加快淘汰报废老旧车辆。严格执行油品质量标准。

四是强化土壤风险防控。严格重点行业企业准入管理，对新（改、扩）建项目开展企业用地土壤调查。强化农田灌溉环境管控，加强以太和镇、开元乡、巴汝镇为重点的矿山开采污染监管，监督工业企业严格履行防治土壤污染的法定义务，加强废渣、废水和废气污染防治。完善钒钛产业园区水、气、土协同预警体系建设。加强重点污染源监管，持续推进耕地周边涉镉等重金属重点行业企业排查整治。完善土壤污染重点监管单位名录，落实重点监管单位主体责任，定期开展土壤环境监测。推动土壤污染重点监管单位实施防渗漏改造，因地制宜实施管道化、密闭化改造。持续推进全市化肥减量增效示范，依法开展灌溉水水质监测，加强农业灌渠周边重点水污染企业监管，确保污水达标排放。推进土壤环境调查评估，以金属冶炼等重点企业、危废处置场所、加油站、集中式饮用水水源地、垃圾焚烧厂等区域为重点，开展敏感区域土壤环境质量调查。实施农用地土壤环境质量补充加密调查。推进已开发用地调查评估，对开发利用为住宅、公共管理与公共服务用地的地块进行摸底调查。统筹开展土壤和地下水协同控制，对列入风险管控和修复名录中的建设用地，同步实施地下水污染防治风险管控措施；实施修复的地块，同步制定地下水污染综合防治目标，实施修复方案措施。以钒钛产业园区、重金属排放企业和垃圾焚烧厂填埋场地为重点，加强地下水环境监管，加快防渗改造；推进加油站埋地油罐双层罐更新或防渗池设置；采用科学合理的防护措施防控地下工程设施或活动对地下水的污染，逐步推进报废、未建成或完成勘探、试验任务的矿井、钻井、取水井封井回填工作，逐步推进地下水污染修复。

十、全面推进无废城市建设

一是系统推进工业固废治理。以钒钛产业为重点，鼓励探索“氢冶金”等固废源头减量钢铁清洁生产新技术，推进工业源头减量，建立工业固废资源化、循环化综合利用体系。加大存量工业固废利用，减少固废堆场后续环境风险。积极推进企业上下游之间完整对接，探索工业固废系统集成综合利用，推进工业固废综合利用体系建设。健全城镇生活垃圾处理能力，推进生活垃圾源头减量，推进快递、外卖行业包装绿色治理，推进电子垃圾社区、单位定点回收网点建设，建立以回收点为中心的定向和区域回收网络。完善生活垃圾分类收运体系，以“全过程分类”为目标，加快建设生活垃圾分类收运网络，探索直收直运模式。加强既有垃圾处理设施运维监管，安全处置焚烧飞灰、焚烧残渣、填埋场渗滤液，强化垃圾处置设施运行保障，推进垃圾焚烧设施重金属在线监管。推进厨余垃圾资源化利用。完善餐厨垃圾收运体系，合理配置厨余垃圾收集容器和收运车辆，强化厨余垃圾规范化终端处理。引导集贸市场、超市、餐饮等单位和有条件的居住区安装餐厨垃圾处理装置，实现就地处理。提高餐厨垃圾资源化利用水平，利用餐厨垃圾开展生物处置、生产工业油脂、生物柴油、土壤调理剂、沼气等资源化利用。严格执行国家危险废物转移联单制度，加强全程管控。加强各类实验室危险废物管理，规范西昌市铅蓄电池集中收集和跨区域转运制度，妥善收集处置废铅蓄电池。推进医疗废物集中处置中心扩能改造，保障重大疫情医疗废物应急处置能力。加强医疗机构内部废弃物分类和源头管理，加强对药品和医用耗材购入、使用和处置等环节精细化全程跟踪管理。

二是提升环境风险防范能力。定期开展邛海等饮用水源保护区及供水单位周边区域环境状况和污染风险调查评估，编制风险源名录。

完善应急防护工程设施，加强水质预警能力建设，有效应对水源地环境风险。提升应急处置能力。完善集中式饮用水水源地突发环境事件应急预案，强化应急保障体系建设，增加应急储备物资装备，加强水源地应急硬件设施建设，健全水源地突发环境事件应急协调联动机制，定期开展应急演练。开展危险化学品风险评估分级管控。全面摸清危险化学品品名、数量、设施设备和安全现状底数。完善危险化学品环境管理登记及新化学物质环境管理登记制度，对高风险化学品生产、使用进行严格限制，强化化学品生产准入和行业准入。加强重金属污染源头管控，严格涉重企业环境准入管理，新（改、扩）建涉重重点行业建设项目实施“等量替代”或“减量替代”。深入推进涉重企业清洁化改造，推进含重金属废弃物减量化和安全处置。推行重金属全生命周期控制，加强生产制造、消费使用和废弃物处理流通环节的全过程管理。强化汽油、含镉磷肥等消费品中重金属物质含量控制，加强废弃荧光灯管、废弃电池、废弃电子产品等涉重固体废物的处置。对放射源的生产、销售、使用、退役、收储进行严格审批备案和全过程监管，抓好医院等重点涉源单位监管。提高持证单位的辐射安全与防护水平，将所有核技术利用单位纳入监管范围。有序推进放射源在线监控系统建设工作，建立核与辐射事故应急机制，制定核与辐射事故应急预案，并定期开展应急演练，提升应急处置能力。健全生态环境质量监测网络，强化生态环境网格化管理体系建设，推动环境监测数据联网共享、自动预警，实现生态环境监测与监管有效联动。完善重点污染源自动监控体系建设，强化监督监测，增强产业功能区环境风险预警与处置能力。完善环境监察移动执法系统，提升环境监察执法能力打造生态生活体系。

第八章

成都市在筑牢长江上游生态屏障上持续发力

近年来，成都市坚决扛起建设践行新发展理念的公园城市示范区的时代使命，坚定不移走生态优先、绿色低碳的高质量发展之路，推动生态文明建设和生态环境保护取得突破性进展。成都市始终牢记习近平总书记“把生态文明建设这篇大文章做好”的殷切嘱托，以新发展理念为魂，以公园城市为形，在生态本底优化、污染防治攻坚、绿色低碳转型等方面持续发力，确保生态环境质量实现新跃升、“四大结构”优化调整迎来新突破、生态系统保护修复取得新成效、现代环境治理水平达到新高度，加快建设超大城市绿色发展先行区，着力打造最具活力和幸福感的高品质生活宜居地。成都市坚持以建设践行新发展理念的公园城市示范区为统领，加快建设人与自然和谐共生的美丽成都，久久为功打好污染防治攻坚战，打好蓝天、碧水、净土三大保卫战，全面推进发展方式绿色低碳转型，锚定“双碳”目标，加快推动“四大结构”优化调整，着力优化生产生活生态空间，大力提升产业绿色发展能级，推动形成节约资源和保护环境的空间格局和生产生活方式，全力以赴加快生态保护修复，坚持山水林田湖草沙冰一体化保护和系统治理，持续实施“五绿润城”“天府蓝网”行动，大力改善城乡人居环境，坚定不移以功能为导向推进“三个做优做强”，积极推动一三圈层协同联动，加快补齐基础设施和公共服务短板，着力提升城市功能品质，统筹推动农村人居环境整治，坚决整治群众身边突出的生态环境问题，让城市发展更有温度、市民生活更有质感、城乡融合更为深入。

第一节 成都市生态保护与修复推动筑牢长江上游生态屏障的案例

一、统筹生态环境修复与文旅融合发展的白鹤滩国家湿地公园

白鹤滩国家湿地公园位于成都市新津区花桥街道，总规划面积约6.21平方千米，分为湿地保育、湿地恢复重建、合理利用等三大功能区，属于典型的河流沙洲复合体湿地，具有良好的自然生态环境及丰富的湿地资源和鸟类资源。湿地公园河流—沙洲复合型湿地生态价值极高，是川西林盘沟塘湿地系统的典型代表，形成了数百个湿地滩涂与生态草甸，是天然的“都市海绵”“城市之肾”。公园内高低起伏的地形、茂盛的植被、多塘湿地和生态河道等，共同构成了一个形态自然、生态完整的湿地生态系统，是长江上游生态多样性建设的重要支撑。2019年5月，白鹤滩通过国家林业和草原局2019年试点国家湿地公园验收，正式成为“国家湿地公园”；2022年2月，公园获评为国家AAAA级旅游景区。

（一）健全生态保护体制机制

一是建立生态保护机制。为加强对白鹤滩湿地公园资源的保护与管理，2014年，新津区委、区政府成立了新津区湿地建设领导小组和白鹤滩国家湿地公园（试点）建设管理委员会。2015年11月，经市委

编办批复同意专门设立新津白鹤滩国家湿地公园（试点）管理办公室，统筹开展湿地公园的生态保护与管理工作。二是完善湿地保护立法。2019年，新津区人民政府办公室出台《四川新津白鹤滩国家湿地公园管理办法》，从湿地公园的范围、规划与建设、保护、利用、管理和法律责任等方面进行了规范，进一步明确了湿地公园的管理方式、保护措施及禁止性规定等内容。三是加大保护资金投入。白鹤滩湿地公园的保护管理经费已纳入地方财政，并每年投入专项资金，保护管理经费能够满足对湿地公园景观、生态、文物、古建筑等的保护与管理需要。

（二）实施生态环境修复工程

一是开展湿地生态环境修复工程。实施了杨柳河河口湿地生态环境修复工程，对河口沙洲湿地开展环境修复工作，包括环境卫生治理、垃圾清运、外来植物清理及河道的清淤疏浚，并栽植多种小型浆果类灌丛，为鸟类提供丰富的食物资源，营造鸟类生境；开展通济堰湿地生态环境修复工程，实施了对该段国有河道河滩湿地的统一管理，重塑河道河漫滩地貌形态及河滩湿地生态系统，恢复鸟类栖息地环境，为其他湿地公园的恢复建设提供了很好的标杆示范。二是开展生态河堤建设示范工程。白鹤滩管理办与重庆大学共同成立“白鹤滩硬质河堤护坡生态软化”课题小组，经区水务局同意，启动生态河堤示范建设，对硬质河堤进行生态软化，采用竹笼石砌筑＋植物种植的方式，达到硬质护坡生态软化、河岸稳定、植被修复、生物多样性提升和城市河堤景观美化等功效。三是开展水环境综合整治工程。新津区水环境综合整治工程包括水体净化工程、河道整治工程、配套设施工程、拦水坝及附属工程、生态保护工程5个子项目。目前，水体净化工程取得了涵养水源、控制面污染源、改善水资源和水环境的成效；河道整治工程通过治理水土流失、栽种水生植物，大大减少了入河泥沙量，使湿地功能得到恢复；配套工程项目已完成游客服务中心、停车场、湿地景观建设等内容；拦水坝及附属工程以蓄水保土、涵养水源为目的，有效保护了耕地资源；生态保护工程起到了涵养水源，恢复湿地功能的良好作用。

（三）促进生态资源价值转化

一是打造湿地生态科普研学高地。湿地公园以白鹤滩湿地景观为特色，突出公园湿地的文化内涵和精神，开展以白鹤滩独特湿地景观、湿地生物资源、湿地人文资源为载体的湿地观光、体验、学习活动。公园内建设了四川省自然教育基地、成都市水生野生动物保护基地、生物多样性监测站、野生动物救助站、观鸟塔、湿地栈道等设施，促进了湿地科普、科研的发展，突出了自然科普教育基地的功能定位。二是打造湿地生态旅游体验高地。近年来，白鹤滩国家湿地公园联合完美世界 IP 逐步打造了健康生态游、亲子游、研学游等旅游消费新风口，持续营造了“自然研学＋新兴消费＋智慧体验”的文旅新场景，加快推进了集数字文创、自然美育、生态旅游融合共生的天府微度假目的地建设，成功创建了国家 AAAA 级旅游景区。

二、共谋绿色发展、共创世界级生态家园的龙泉山城市森林公园

龙泉山城市森林公园位于龙泉山脉成都段，北接德阳市，南连眉山市，南北向 90 千米，东西向跨度 10～15 千米，规划面积 1275 平方千米，是全球最大的城市森林公园。在生态文明新的时代使命号召下，公园瞄准“世界级品质的城市绿心、国际化的城市会客厅、市民游客喜爱的生态乐园”总体目标，围绕生态保育、休闲旅游、体育健身、文化展示、高端服务和对外交往功能定位，作出了有益探索，是成都

贯彻落实生态文明思想、增进民生福祉的生动实践。龙泉山城市森林公园正在积极履行绿色低碳发展的时代使命，全面助推成都加快建设美丽中国典范城市和国家中心城市，积极向世界提供了“成都样本”。

（一）搭建全球化的合作交流机制

公园与联合国人类住区规划署签订框架合作协议，双方搭建“促进龙泉山城市森林公园生态文化可持续发展”为主题的长效合作交流机制，为公园开展全体系评估与提升研究提供全球智库支持，形成一套符合国际标准的评估体系，并在体系实际运用实施过程中，促进龙泉山城市森林公园及“两翼”区域生态、社会和经济目标得以实现，打造面向全球的生态样本。

（二）强化最严格的生态环境保护

成都通过出台《成都市龙泉山城市森林公园保护条例》，对公园开发强度、建筑高度、生态红线等作出明确规定，从严划定公园“三区三线”，大力构建“一山连两翼”生态服务体系，并编制环境准入负面清单。同时，公园党工委、管委会在编制完成总体规划的基础上，邀请了国内外顶尖规划团队为公园建设出谋划策，顶层设计成效突出。

（三）实施高质量的全域增绿增景

公园大规模推进植树造林、生态植被恢复工程，近年累计造林植绿16万亩，森林覆盖率由54%提升至59.5%，有效保持了林木资源持续增长、森林财富持续累积、生态功能持续优化。公园内丹景台项目经过土壤改良和应用新型种植技术后，乔木、灌木等植物品种数增加4～6倍，同时公园全域平均负氧离子浓度高速增长，已达到“中国天然氧吧”创建标准，增绿增景生态功能提升成效明显。

龙泉山城市森林公园建设以“不大挖大填”为实施原则，将人工治理与生态修复有机结合，培育健康稳定的森林生态系统，精准实施生态修复。通过借助拟自然方式和生态景观学手法，选取多样化本土木本和草本植物进行成片森林复建，形成低成本、高质量、林层丰富的林地群落和自然环境。在项目建设过程中，根据不同区域、不同立地条件选择彩化、香化、美化、绿化的乡土树种和珍贵珍稀树种，通过造林、间伐、补植等措施，对项目区森林进行保护修复和景观重造，营造多彩生态景观集群，塑造三季彩林、四季赏花特色的森林景观，形成与城市风貌互补的森林生态本底和多彩森林。

（四）探索深层次的价值转化实践

一是开发林草碳汇项目，打造低碳示范场景。公园开展龙泉山自然生态系统碳汇监测和潜力评估，开发林草碳汇项目，加快碳中和示范林建设研究，加强与国内外知名科研院所、社会企业合作，开发龙泉山林草碳汇项目，努力打造公园城市低碳示范场景。二是进行实证试算，探索生态价值转化路径。联合中国社科院城环所等专业机构开展城市生态价值核算及其转化路径研究，学习借鉴国内外自然资源资产负债表编制、生态系统生产总值核算等相关研究成果和实践经验，结合成都城市生态系统特点，编制符合成都实际的城市生态价值核算方法学。运用方法学对龙泉山城市森林公园内的森林、水、土地等资源生态价值进行实证试算，围绕龙泉山城市森林公园生态资源和生态价值实现、提升、转化，提出了绿色金融、森林生态银行、生态移民和市场化机制 4 条生态价值转化路径。

三、大气协同治理的大运会

2023 年 7 月 28 日至 8 月 8 日，第 31 届世界大学生夏季运动会在成都成功举办（以下简称大运会），这是党的二十大召开后我国举办的首个大型国际赛事，也是中国西部地区首次承办的世界性综合运动会，习近平总书记主持重要主场外交活动并出席大运会开幕式。在市委、市政府的坚强领导下，成都市深入践行习近平生态文明思想，坚持办赛营城和生态惠民一体推进，以高度的政治责任感和历史使命感，认真筹备，科学保障，精准管控，依法实施，通过各级各相关部门的共同拼搏，圆满完成大运会空气质量保障目标任务，向全世界展示了“雪山下的公园城市”良好形象。

7 月 26 日至 8 月 8 日赛时阶段，成都市空气质量 5 天优、9 天良，$PM_{2.5}$、PM_{10}、NO_2 浓度均为一级优，平均值分别为 13 微克/米^3、22 微克/米^3、13 微克/米^3，同比分别降低 50%、45%、41%，是 2015 年以来同期最好水平。截至 2023 年 8 月 9 日，全市优良天数同比增加 2 天，$PM_{2.5}$浓度同比持平。7 月 27 日主场外交活动，$PM_{2.5}$、NO_2 浓度分别为 6 微克/米^3、5 微克/米^3，$PM_{2.5}$浓度为近 3 年来 7 月份单日最好水平，NO_2 浓度为历史单日最好水平，习近平总书记在出席大运会开幕式国际贵宾欢迎宴会上致辞，“欢迎大家到成都街头走走看看，体验并分享中国式现代化的万千气象”。7 月 28 日大运会开幕式，$PM_{2.5}$、NO_2 浓度分别为 7 微克/米^3、9 微克/米^3，遥望雪山，蓝天白云，生态环境部部长肯定性评价“成都市用最美蓝天迎接开幕式”。8 月 8 日闭幕式，空气质量为良，$PM_{2.5}$浓度为优，圆满收官。

大运会呈现“大运蓝”，取得了中央肯定、广泛称赞、质量改善、积累经验的显著成效，为 2025 年举办第 12 届世界运动会奠定坚实基础，坚定了为打造世界赛事名城提供良好环境质量保障的信心。

（一）战略上科学谋划施策

一是科学制定保障方案。学习借鉴北京冬奥会、上海进博会、武汉军运会做法经验，邀请生态环境部大气环境司、中环院、监测总站、卫星中心等单位技术指导，多方征求了张远航、贺克斌、柴发合等院士专家团队科研意见，多次与相关部门协调研讨，遵循规律、实事求是，制定了成都市大运会空气质量保障实施方案。二是适时调整管控措施。紧扣赛事侧和城市侧良性互动“六个尽量”原则，全程与四川省生态环境厅磋商争取，在成都市管控清单制定上，最大限度实现了减排构成最优化、社会代价最小化。2023年8月2日，准确研判气象走势，大幅度调整优化工业企业、施工工地等管控措施，推动复工复产，尽量把对经济社会的影响降到最低。三是推动区域协同保障。积极对上争取，推动省内15个重点城市协同参与保障，分时段、分区域、分层级、按比例确定各个城市工业源、移动源、面源减排比例和减排清单，最大限度减少了区域污染排放量和传输影响，对确保开幕式“大运蓝”和赛事全程空气质量优良起到了重要作用。

（二）战术上精准执行落实

一是强化赛前精细治理。2023年5月以来，成都市开展了一轮大气污染防治“大排查、大治理、大督查”，集中实施运渣车严管、扬尘严管、工业严查、焚烧严处、油烟严管、预警严督“六大整治攻坚行动”，在开幕式前达到整治提高一批、限期整改一批、依法查处一批、曝光震慑一批的效果，“打扫干净屋子再请客”。二是赛时措施精准落地。通过错时轮产、政企协商、生产调控、行业座谈、“点对点”沟通等稳妥方式，注重发挥行业协会纽带作用，最大限度争取企业理解支持，将管控措施精准落实到时段、工序、作业面，并落实属地镇街、部门“人盯源”和“微网实格”包片责任制，基本避免社会舆情。三是技术支撑精确高效。以“智”促“治”，以成都市环境科研技术单位为主体，搭建了院士专家领衔的40余名专家技术保障团队，每日预报值准确率100%，利用卫星遥感、监测站点、走航观测、在线监测、电力报警、智慧工地、交通卡口等科技手段，调度各类任务3506件，及时发现整改“冒泡”问题311个，形成了预测研判、问题感知、清单派发、落地执行、效果评估的运转闭环。

（三）战法上坚持依法保障

一是加强法律支撑。成都市人大、成都市委政法委积极争取，7月10日四川省人大常委会作出授权为保障大运会筹备和举办工作规定环境保护等领域临时性行政管控措施的决定，叠加《成都市大气污染防治条例》《成都市烟花爆竹燃放管理规定》的相关内容，为做好大运会空气质量保障工作提供了法律支撑。二是强化临时交通管理。成都市政府出台《关于第31届世界大学生夏季运动会期间采取临时交通管理措施的决定》，公布7月22日至8月10日临时交通管理措施，扩大外埠和本地货车、小汽车限行时间和范围，7月26日至29日实施单双号限行，免收二绕货车通行费引导货车分流，地铁票价8折优惠、“5＋1”城区公交免费，鼓励市民错峰绿色出行，对移动源减排发挥了至关重要的作用。三是严格执法督查。坚持“督政＋督企”相结合，市级成立13个督查执法小组，从7月21日起不间断开展现场督查检查，共抽查工业企业、施工工地、加油站、钣喷汽修等点位4192个，及时发现整改问题465个，立案工业企业41家，通报75家工业企业典型问题，及时处置并警示通报崇州市、郫都区500千伏输电通道下焚烧秸秆的突出问题，督促各项管控措施不折不扣落实到位。

（四）组织上强化协同联动

一是加强组织领导。省市领导同志多次听取汇报、研究部署、亲自推动、靠前指挥，提供了强大的工作动力。生态环境部总工程师3次专题调度开闭幕式保障，生态环境部大气环境司9次参加会商研判会议，派工作组驻蓉帮扶。二是健全指挥调度体系。成立由成都市市长任指挥长的市指挥部，与四川省大运会推进协调组气象环境工作专班组建省市联合专班，7月1日起进驻集中办公、实战演练、优化机制，实现扁平化运转，有力协调成都平原8个城市分专班协同行动。

每日召开值守调度会，调度前一日管控措施落实情况、分析高值区域污染成因、通报督查执法发现的问题，制定当日管控工作安排和任务清单。三是压实工作责任。各区（市）县、市级有关部门对标健全指挥调度机制，7月25日起强化属地夜查“零点行动”，累计出动6万余人次，检查管控点位7.6万余个次，现场督促406个企业立即整改，确保市级指令第一时间传达落实到最小责任单元。全市生态环境系统充分发扬铁军精神，冲锋在前，连续作战，担当牵头之职，发挥中枢作用，贡献中坚力量。

（五）正确处理好久久为功和临门一脚的关系

圆满完成目标任务，绝非一朝一夕之功，根本在于持续推动党中央、国务院深入打好蓝天保卫战重大方略落地生根，始终坚持把持续推动大气环境质量改善作为一件中央省委有政治要求、公园城市有定位目标、市民群众有美好期盼的生态惠民工程，系统谋划施策，不断完善长短结合、标本兼治的顶层设计，深化“四大结构”优化调整，分源头、分时段、分区域、分等级精准治理，健全定期研究、责任分工、目标考核、激励约束、督查约谈、专项资金等机制，久久为功高位推动。5年来，全市空气质量优良天数从251天增加至300天，$PM_{2.5}$浓度下降24个百分点，全面消除重污染天气，遥望雪山次数增加至70余次，使成都具备了举办大型国际赛事活动的良好基础。

（六）正确处理好赛事保障和经济发展的关系

统筹兼顾空气质量保障、经济发展和城市运行，努力服务稳住经济基本盘，对近5000家涉气龙头企业、重点规上企业、环保绩优企业、民生工业企业、年排放量较小企业和难以停止生产工序企业，全面保障正常生产和全年产值不受影响。2023年8月2日，将管控清单企业从8500家调减到3700家，主要对VOCs排放量大、经济效益和环境绩效水平较低的家具、人造板、制鞋、包装印刷 4 个行业的规下企业继续执行管控措施。支持重大项目建设，对 95 个重大项目及保交、应急等须继续施工的工地，全面保障正常施工，其余工地只要求停止土石方和涉 VOCs 排放作业。充分保障赛事服务、民生保供、正常生产工业企业和施工工地需求车辆，共计办理 5.3 万余辆次临时通行码，524 家安装油气三次回收的加油站、1056 家绿色钣喷汽修企业正常作业，保障城市良性运行。

（七）正确处理好源头减排和应急管控的关系

坚持把大运会空气质量保障作为倒逼加快结构优化调整的重要机遇，在 5 年筹备过程中推行一系列重大减排措施，实实在在减少源头排放。未新增“两高”项目，整体退出钢铁长流程冶炼，关停退出 243 户落后产能，动态清理整顿“散乱污”工业企业 2866 户，对火电、钢铁、水泥、平板玻璃等 11 家企业实施超低排放改造和深度治理，全面淘汰 1876 台燃煤锅炉，完成 3000 余台燃气锅炉低氮燃烧改造或电能替代，推动 87 台燃煤工业窑炉淘汰或清洁能源替代，“十三五”以来完成 SO_2、NOx、VOCs 减排量各超过 1.58 万吨、1.03 万吨、3.01 万吨。深入推进“轨道＋公交＋慢行”三网融合与高效衔接，中心城区绿色出行分担率达 67％，引导货运车辆从一绕向二绕转移，新能源汽车保有量达 51 万辆，占汽车比例 8.2％，老旧车辆占比下降至 5.6％，调迁关闭 15 个中心城区内商品交易市场。深入推进清洁能源替代，全市单位 GDP 能耗实现“五连降”，清洁能源消费占比 64.4％，非化石能源消费占比 45.9％。

（八）正确处理好主体责任和联防联控的关系

成都 GDP 总量、机动车保有量、涉气工业企业量、在建工地数量分别约占全省的 36.7％、45％、48％、46％。成都平原 8 市 NOx 和

VOCs排放量分别占全省排放总量的40%和59%。不利气象条件下“削峰保良”，既要依靠自身减排，更需成都平原城市区域联防联控。5年来，我们积极主动推动成德眉资四市在本地大气污染防治条例中统一设置区域协同内容，建立成都平原八市每月空气质量轮值会商机制，成立成德眉资空气质量预测预报中心，并签订预测预报及科研合作协议，持续深化秸秆禁烧、机动车检验、联合交叉执法等领域协同治理，加强成德传输区域5个区（市）县片区联动共治，成都平原城市大气联防联控联治工作不断走深走实。赛时阶段，参与保障城市优良天同比共增加44天。

第二节　成都市公园城市建设推动筑牢长江上游生态屏障的案例

一、探索多元化生态价值实现的龙泉山丹景台旅游景区

成都龙泉山丹景台旅游景区位于成都东部新区，总面积约955亩，2023年被评定为国家AAAA级旅游景区。景区为成都龙泉山城市森林公园第一个先导性、示范性、引领性项目，是成都市践行习近平生态文明思想、加快建设美丽宜居公园城市的具体实践，是见证成都东部新区和中心城区“双城”有机生长的“城市之眼”。丹景台景区充分挖掘周边山水田林湖等自然资源禀赋，以打造最具国际范、中国味、天府韵的公园城市生活魅力体验地为目标定位，通过筑景、成势、聚人，将生态价值转化为经济、社会、人文等多元价值，在增加生态产品有效供给和加强生态修复、提升城市综合生态效益，开发形成了科普研学、户外运动、文化创意等为主题特色的旅游产品。

一是持续发力建设，生态保护示范效果明显。针对龙泉山土壤干

旱贫瘠、植被品种单一、桃花花期短、游览服务设施规模小档次低的特点。结合生态绿洲·都市森林龙泉山城市森林生态区建设，增加赏花观叶品果植物的品种和数量，减少裸露土地，改善冬季缺绿状况，完善游务设施，形成森林茂密、色彩斑斓、花果飘香、四季有景的优美区域生态环境。实现四季有景、可观可游、资源丰富、布局合理、功能完善、优质高效的森林生态体系和独特的人文景观体系。区域以低成本、低维护、四季有景的近自然手法，重塑山地森林景观，将区域森林覆盖率从原有的35％提升至85.7％。丹景台与生态有机融为一体，不进行生态破坏性修建，积极推进生态保育，建立良好生态景观。

二是深挖文化内涵，塑造城园融合特色空间。依托龙泉山本土上千种动植物多样性的基础，打造西南最大种子银行，构建海绵龙泉山体系建设，投入专项资金用于景区生态环境保护。在地文化方面，梳理“五龙朝景”“张飞营”“阿斗读书台”等历史典故，结合景区空间，塑造多元化的文化场景，向游客传递区域文化价值。非遗文化方面，丹景台是龙泉山传统文化腹地，整合柏合草编、胡氏面人、纸鸢、油纸伞等非遗作品，开展非遗研学课堂、构建非遗展示空间、非遗主题景观构筑物，将丹景台作为龙泉山非遗文化记忆的承载地。天府文化方面，在丹景台建筑上提取太阳神鸟文化符号，对金沙文化进行现代化表达；丹景亭提取金沙文化中九柱高台的九柱元素和尺寸；而丹景阁提取竹文化元素、非遗文化油纸伞进行演变应用，用建筑工艺诠释巴蜀之地的精神内涵。丹景台作为“目睹千年之变·放眼未来之城”的城市之眼见证地，肩负着文化融合、创新的历史使命，致力于将线上文化IP内容、多元化文化与国风、电竞、二次元等实景业态进行联合跨界。

三是凸显科技引领，沉浸式互动贯穿园区。丹景台与生态有机融为一体，不进行生态破坏性修建，积极推进生态保育，建立良好生态景观。同时丹景台项目实现智慧化管理，同5G网络运营商合作，搭建智慧管理平台，采用“互联网+”形式，运用新技术、新理念、新场景、数字化、多功能的理念，以虚实融合、动静结合的方式，打造丹景台景区多样化生态科技互动体验场。交通配置方面，景区设有多条线路内部交通和外部交通，便于游客出行。公共设施配置方面，园区内党建花园800平方米，帐篷营地2000平方米，户外游乐园10亩。基本设施方面，垃圾桶、户外休息座椅、公共厕所等充足。餐饮休闲方面，移动餐车4辆，集装箱餐厅162平方米，森林木屋4栋，森林咖啡厅200平方米，森林文创、书吧600平方米，自动售卖机28台，半山民宿15栋（在建）。

四是特色场景打造，乐享公园城市生活魅力。利用丹景台优越的生态条件，依山就势，创新多样化、沉浸式互动体验场景，将饮食消费、文化消费需求与绿色生态景观相融合，坚持可持续发展自身造血，打造绿色消费场景，同时为满足市民对不同文化的交流需求，精细化运营场地资源、绿色资源，发展野奢民宿产品、沉浸式餐饮服务、特色文创产业、亲子研学体验、党团建拓展体验、户外帐篷营地、高科技生态展馆、西南标杆天文台、丛林里的拓展基地等消费场景，为市民带来丰富的场景化体验，将生态价值高度转化为经济价值、人文价值。

景区在开园3年期间，积极进行全方位、立体式、多维度矩阵式宣传营销，受到中央电视台、《四川日报》、今日头条等各级媒体关注报道1000余次，获得近20家国家、省、市级组织的荣誉授牌，接待游客近450万人，为当地居民提供直接就业岗位220余个，间接带动1600个就业岗位，累积带动就业人数约2000人。

二、探索公园城市生态价值转化的锦江绿道江滩公园

江滩公园位于成都市高新南区世纪城路东侧绿地，用地北起绕城大道、南至天华一路，东临锦江，场地周边以公园、居住、公共设施

用地、商业金融业用地、教育科研设施用地为主，连接北侧198湿地公园，是锦江滨水活力及生态的重要展示段落、“人文高新”的重要组成部分。岸线长度约2.2千米，总用地面积约30万平方米，其中，地上建筑面积3714.2平方米，地下建筑面积14898.5平方米。作为成都锦江绿道建设的一部分，始终秉承绿道“文、体、旅、商融合”和“构建新消费场景”的精神，通过在现状江滩公园内进行绿道贯通、产业植入和业态提升等方面的改造、增建，构建了一个通畅的绿道系统、市民共享的乐活场所和城市滨水价值载体。项目先后被评为全省首批4星级体育综合服务体、运动成都体育消费新场景100＋城市公园、年度最受欢迎文旅新地标等。

一是治水筑景，贯通生态廊道。合理利用现状路径、保留现状植被，依据公园各个主题及特色，保持滨江区域视线的开阔性，适当增植乔灌草，贯通依托开敞空间及滨水慢行空间而形成的生态绿道系统，形成一个以绿道为轴，公园为核心，多级空间节点共振的空间结构，激发滨水活力，彰显城市魅力。

二是人本关怀，打造智慧绿道。以项目的实际需求为出发点，置入智能化绿道服务体系和配套设施支持，贯彻宜居、安全、智慧的水岸建设目标，利用智慧城市全面感知、大数据利用、人流统计等各项先进技术，满足改造范围市政、景观、照明、安全等方面对智慧绿道的建设需求，建设水系统监测与控制子系统、智慧照明系统、智慧安防系统、广播系统等8个系统，支撑运营方以低成本、高效率、稳定安全的模式运营。

三是业态升级，构建多元场景。重构原江滩公园的空间模式，打造都市旅游休闲公园。将闲置的公园服务用房改造后引入产业，打破传统绿道体系“点带线，线带面”的惯性思维，从市场和商业逻辑层面，打开绿道空间，确保多功能叠加的高品质生活场景和新经济消费场景的实践性。

四是价值再造，提升运动空间。在公园内新增星空泳池、沙滩、碗池、智慧体育设施，打造更年轻化、多样化的活动场地，通过引入“极限运动”与“都市沙滩”两大主题，体现了重点节点打造和商业服务设施的植入。建成了西南地区一个碗池滑板运动场地，通过创意彩绘的植入，提升了运动场地的艺术性，受到极限运动和艺术爱好者的喜爱；都市沙滩既是目前成都第一个室外公共沙滩，也是2019年第十八届世界警察和消防员运动会沙滩排球项目的比赛场地。通过引入项目赛事以及后期运营，带动公园的活力提升。

五是光彩提升，丰富“夜游”体验。将照明划分为5个层次，即水岸线—江上的桥—岸上的路—景观绿化—两岸建筑，用创新、创造、活力、动感的灯光设计思路，在设计上考虑人与光的交流，还原夜间宁静本质，营造丰富的夜间生活。

六是盘活经营，实现管护平衡。江滩公园年管护费约390万元，江滩公园一期无边泳池、沙滩排球、皮划艇、小火车、智慧体育、停车场、一号茶室等经营性资产年租金收入约420万元，活动场地年收入10万元；江滩二期即将建成儿童影视博物馆、儿童配套餐厅、体适能培训馆等，预计年租金收入达80万元。江滩公园管护支出与收入实现了资金平衡，略有盈余。江滩公园运营管理模式将成为雪山下的公园城市中生态价值转换的典型成功案例。

三、借助林业碳汇项目开发试点推进减碳增汇

2022年6月，成都市被四川省林草局确定为“四川省林草碳汇项目开发试点市”，成都市制定《成都市林业碳汇项目开发试点实施方案（2022—2025）》，计划实施“一二三四”行动，即建立1个生态碳汇科教示范基地、开发2个碳汇方法学、建立3个碳汇项目支撑体系、探索开发4大类型碳汇项目。成都市林业碳汇项目开发试点实施方案启

动以来，组织天府新区、双流区、邛崃市、龙泉山城市森林管委会等单位开展试点，取得了阶段性成效，获四川省政府督查激励（2023年9月10日，四川省政府办公厅印发《关于对2022年度落实有关重大政策措施真抓实干成效明显地方予以督查激励的通报》）。

一是科学开展绿化，巩固提升碳汇能力。首先，实施“五绿润城”行动、“百个公园”示范工程等重大生态项目，新增绿地1800公顷、立体绿化20万平方米，年森林植被固碳量达216万吨。其次，提高森林质量，增加“碳库”潜力。实施国家储备林、国土绿化试点示范等重大生态修复项目，打造龙泉山人工柏木林、天府新区川西林盘固碳增汇技术示范基地，提高森林质量，增加森林生态系统稳定性。最后，加强资源保护，减少“碳库”损失。严格执行林地用途管制，加强森林防灭火和林草有害生物防控，实施松材线虫病、锈色棕榈象、蜀柏毒蛾、森林鼠害等重大林草有害生物的监测调查，研判有害生物发生趋势，及时发布上报发生趋势信息。组织“绿盾”“护松2023”“森林草原火灾隐患排查整治”专项整治，开展区域间调运林木、草坪草等检疫监管和松材线虫病边界疫情阻截等行动，有效防止森林火灾、病虫害等各种干扰导致的林草碳流失。

二是完善支撑体系，推动碳汇先试先行。首先，开展碳汇计量监测。启动林业碳汇潜力评估和森林生态系统碳储量本底核算，建立林业资源碳汇潜力“一张图”“一个库”，摸清成都林业碳汇家底。以国家碳监测评估试点为契机，在龙门山建设1个森林生态系统碳通量观测站，开展典型生态系统固碳监测，评估龙门山森林生态系统固碳生态价值。其次，探索开发碳汇方法学。探索开发公园城市生态系统碳汇方法学，力争形成全国首个城市生态系统碳汇交易标准。开展城市绿化碳汇项目方法学研究，探索城市景观绿化应对气候变化碳减排的作用和技术实施方式。最后，推进碳汇项目开发。发挥成都“碳惠天府”正向引导作用，健全林业碳汇项目开发备案和设计审核（审查）

机制，探索建立市级林业碳汇项目储备库，开发乡村生态碳汇产品，累计开发白鹤滩国家湿地、郫都两河绿道、四川天府新区袁家湾林盘修复保护、龙泉驿区造林管护等成都“碳惠天府”（CDCER）机制下生态类碳减排项目 40 个，碳减排量 5.58 万吨。

三是扩宽消纳渠道，探索价值实现路径。首先，碳汇＋碳中和。鼓励会议、赛事、论坛、展览、演出等大型活动优先购买林业碳汇抵消碳排放，引导机关、企事业单位和个人选择购买林业碳汇消除碳足迹。郫都区绿色氢能产业功能区管委会、四川天府国际会展集团有限公司等单位认购成都“碳惠天府”（CDCER）标准体系下的生态类碳汇 7575.57 吨，交易金额 31.5 万元。其次，碳汇＋义务植树。推动全民义务植树履职活动成果转化，在龙泉山“全民义务植树基地”植树 2.87 万亩。开发核证林业碳汇 4 万吨，捐赠给成都大运会执委会用于抵消大运会部分碳排放。最后，碳汇＋生态司法。与司法机关合作，探索建立林业碳汇替代生态修复机制。2022 年，大熊猫国家公园崇州生态法庭审结一起滥伐林木案件，引导被处罚人认购林业碳汇 100 吨，用于替代修复受损生态环境。

四、以竹林风景线建设和竹产业高质量发展延伸产业链和新场景

竹子是集生态学特性、材料学特性和文化旅游于一体的环境友好型植物，生长快、成材早、用途广、市场大、效益高、永续利用，被誉为世界“第二大森林”和“21 世纪最有发展前景的植物类型”。竹子及其蕴含的竹文化资源具有巨大的经济价值、生态价值和文化价值。发展竹产业对深入贯彻习近平总书记来川视察重要讲话精神，落实“四川是产竹大省，要因地制宜发展竹产业，让竹林成为四川美丽乡村的一道风景线”指示要求，促进农民增收致富、企业增效发展，加速

生态环境建设，发展高质量绿色经济，实施乡村振兴，建设美丽宜居公园城市都具有重要意义。成都市公园城市建设管理局始终牢记总书记嘱托，根据四川省委、省政府印发的《关于推进竹产业高质量发展建设美丽乡村竹林风景线的意见》《四川省竹产业发展规划（2017—2022年）》，按照《中共成都市委关于全面贯彻新发展理念加快推动高质量发展的决定》《中共成都市委关于深入贯彻落实习近平总书记来川视察重要指示精神加快建设美丽宜居公园城市的决定》《成都市人民政府关于推进竹产业高质量发展建设公园城市美丽竹林风景线的实施意见》要求，坚持把竹林风景线建设和竹产业高质量发展作为公园城市建设的重要载体，聚焦提升竹质量、延伸产业链、营造竹场景等重点环节，精准发力，各项工作取得新成效，成都市竹产业不但占据了一定的市场，更得到了国内外消费者的认可，成为成都林业经济的重要组成部分。

一是保护竹资源，提升竹质量。成都市作为世界竹资源分布中心之一，竹资源丰富，现有竹林103.68万亩。以慈竹面积最大，另有毛竹、雷竹、麻竹、方竹等共40属556种竹类植物。成都望江楼公园是我国竹类收集最早、人工栽培历史最长的竹种园，荟萃了国内外大量竹种，保护栽培濒危竹种3个、稀有竹种5个、渐危竹种5个，发现并命名牛儿竹、锦竹、龙丹竹3个竹种，培育花龙丹竹、黄条竹2个新品种，是中国重要的竹种质资源基因库，被誉为“天下第一竹园”。

二是延伸产业链，培育生态圈。成都市研究出台了《关于加快发展都市现代林业产业的实施意见》和《建设公园城市美丽竹林风景线的实施意见》，印发了《2022年推进竹产业高质量发展工作方案》，着力竹基地提质增效，竹加工提能增量，竹园区建圈强链。2018年至2023年7月，成都市累计安排4376万元资金用于扶持竹产业，成功培育了10个省级现代竹产业基地、1个省级竹产业园区、3个市级竹产业园区，以基地和园区为抓手，推进竹产业布局由分散点位向产业集群转变，逐步形成了种植、加工、创新、销售一条龙的产业链。2022年，竹产业综合产值达25.6亿元。

三是打造竹景观，营造竹场景。聚焦场景营造，大力塑造公园城市竹林景观，创建了省级竹康养基地1个、省级竹林人家8个、省级竹林乡镇3个。结合现有竹林资源、乡村振兴以及绿道，建设省级翠竹长廊（竹林大道）5条，共计56千米。结合“爱成都·迎大运”城市品质提升行动，针对9条城区竹林风景道路，栽植竹类植物30余万株，高质量呈现100余处竹林景观节点。通过对1000个原生态竹林盘进行保护性改造，建成崇州“竹里”等“网红打卡地”。举办了4届北林国际花园建造节，吸引高校来蓉参赛，呈现高品质“竹构花园”视觉盛宴。

四是创建竹品牌，拓展竹市场。首先，聚集品牌效应，成都市崇州牛尾竹、都江堰方竹、蒲江雷竹被评为国家地理标志产品，都江堰雷竹笋、方竹笋、苦竹笋获国家有机产品认证，“邛州竹编”品牌入围四川省首批“川字号”特色劳务品牌名单，“川熊猫”获中国森林食品交易博览会金奖，川西竹海被确定为四川省森林康养度假区试点建设单位。其次，搭建竹产品销售平台，依托青白江国际木材交易中心、温江国际花木进出口园区，打造中欧花木全球供应平台，鼓励竹产品、竹盆景等通过蓉欧铁路出口海外。最后，提高竹科研水平，2018年至2023年7月，望江楼公园累计引种399种，根据竹种特有习性对其进行栽培、驯化，存活率达到70%以上；熊猫基地被认定为四川省大熊猫食用竹省级林木种质资源库；都江堰市编制了雷竹栽培技术规范，雷竹覆盖培育方法获授权发明专利，崇州市编制了牛尾笋相关标准。

五是提升竹产业基地质量。以省级现代竹产业基地为样本，结合“天府森林粮库”建设，稳步提升现有竹产业基地的竹林质量和产出效益，完善基地各项基础设施，推动竹林立体经营和综合利用。围绕竹加工建圈强链，推进以1～3个优势竹产业为龙头的竹产业园区建设，促进竹产业一二三产业协调发展，做大做强竹产业。

六是深入挖掘竹文化资源，构建竹科研平台。融合大熊猫、川西林盘等文化载体，提升打造一批竹文化衍生产品、竹生活体验场景。深化发挥望江楼公园等资源优势，强化新品引育、科研繁育，打造竹品种基因库和竹品种登录基地。精准招引竹品牌企业。引进竹产业龙头企业、竹精深加工先进技术，助力全省由竹资源大省向竹经济强省转变。

五、从“剩余空间”到“金角银边”，探索精细空间的生态环境营造

为探索更加精细的空间治理方式支撑公园城市示范区建设，推进城市建成区中未被充分利用、缺乏合理规划设计引导的剩余空间高效利用，美化城市空间、完善城市功能、方便市民生活、提升城市形象，成都市顺应人民对幸福美好生活的新期待新向往，紧扣幸福美好生活十大工程，以中心城区为重点，其他县（市）参照执行，充分利用桥下空间、街旁空间、地下空间、基础设施周边空间、屋顶空间、滨河空间、低效用地 7 类城市剩余空间打造“金角银边”。用三年时间分批次完成 600 个剩余空间打造，充分挖掘、释放城市剩余空间潜能，实施精细化管理，实现“一切有空间的地方皆可停留、一切能停留的地方皆能交往、一切有交往的地方皆有效益”理念，努力让城市建设成果可感可及、普遍受益，探索形成可复制可推广的城市剩余空间“成都经验”。

一是探索更新利用城市剩余空间打造“金角银边”。对标先进城市经验，借鉴剩余空间利用模式。通过分析优秀案例、实地考察等方式，深入学习、认真研究了上海的园林绿化建设、剩余空间改造经验：盘活存量空间，重塑城市形态；熟练“见缝插针”，打造小微公园；吸引

社会力量，强化共建共享。从上海的先进经验来看，精细化城市空间利用，积极开展剩余空间的多业态场景植入，与公园城市场景营城理念完全一致，为成都市剩余空间利用提供良好借鉴。

二是制定工作行动方案，编制“金角银边”建设指引。2021年，印发《成都市更新利用城市剩余空间打造“金角银边”三年行动方案》《成都市“中优”区域城市剩余空间更新规划设计导则》，为将城市中的“边角余料”有序、规范地变为“金角银边”，确立了部门牵头、市区联动、共同推进的工作机制，明确了2021年完成200个示范点位，三年时间分批次完成600个剩余空间场景建设的工作目标，从空间用地、资金支持、审批服务、共建共享四个方面形成了“金角银边”激励政策体系。在新发展理念的指引下，成都市公园城市建设管理局先后制定了《成都市公园城市“回家的路”金角银边景观建设指引（试行）》《关于“金角银边”业态场景植入涉及商业业态相关证照办理的指导意见》等多项引导性政策措施，将“金角银边”绿化空间纳入社区公园分级管理；鼓励多元市场主体参与城市“金角银边”剩余空间更新利用。T立方双桥子篮球公园项目，是由成都文旅集团下属专业化公司打造，并引入市场主体共同投建的。

三是建立联席会议制度，构建“1+N”实施体系。建立市政府分管领导召集，市级相关部门和“5+1”区域参与的联席会议制度，定期召开专题会议，研究工作方案、工作进度、政策措施，指导剩余空间营造工作有序推进。市级各部门和各区按照职能落实剩余空间营造工作责任，分类梳理形成任务清单和工作台账，明确承办部门和责任人，确保思想认识、组织领导、工作任务、工作措施、资金投入和工作推动“六个到位”。市级各部门根据全市城市剩余空间自然分布、空间属性以及权属关系，制定分类利用管理办法，构建形成“1+N”实施体系。

四是更新利用城市剩余空间打造“金角银边”建设成效。借力城市更新，加速推动“金角银边”呈现。结合社区绿道“回家的路”建设以及成都剩余空间利用现状，加强全域统筹，通过多维增绿、设施美化、社区服务功能补充、在地文化植入等可模块化、定制式推广措施，打造“多、小、精”的品质空间，以城市“金角银边”空间强运营、高效能进一步改善人居环境、提高城市活力和居民生活的幸福感，以“微更新”焕发公园城市“新生机”，以“微更新”提升人民群众“微幸福”，切实将成都的生态优势转化为发展优势。截至 2023 年 6 月，498 个“金角银边”示范点位建设任务已全面完成。成都市公园城市建设管理局作为牵头单位，率先对二环路桥下绿化空间做整体提升，在公园城市的“城市剩余空间”上利用口袋绿地，提升社区的环境，拓展全民体育健身场域，打造集体育运动、文化休闲、社区便民服务为一体的综合性社区服务场所。市级示范项目包括二环路双桥子立交、永丰立交、营门口立交桥桥区公园场景植入、BRT 公交站点桥下空间景观品质提升、社区花园建设等。其中，永丰立交桥区公园——“芃丁花园”将花艺、咖啡、书吧等业态场景融于主题公园之中，打造出成都特色桥下“非典型公园”。区（市）县示范点位中，成都高新区牛啤堂会客厅提升街区原垃圾存放空间，配置精酿啤酒消费体验场景，成功打造网红打卡地；成华区府青桥下运动空间，为周边市民营造了精致舒适的运动休闲场所；金牛区抚琴邻里会客厅将社区老旧广场改造成文化休闲场所，成为吸引社区居民交往的空间。以上“金角银边”示范点位获得了市民的广泛好评。

五是科学建设，真正解决老百姓的痛点和难点。在建设指引的模式下，结合场地性质和百姓需求，开展社会稳定风险评估，制定“金角银边”建设可行性方案，做到问计于民、问需于民，确保空间利用真正解决老百姓的痛点和难点。永丰立交桥桥区公园城市场景营造项目将永丰立交打造成为成都首个全龄娱乐、运动休闲，多维、多元、立体的综合型城市花园立交桥，桥下花园成为更多市民散步休闲的不二之选。成华区府青桥下，在植入绿地花境、运动、文化等设施后，打造成全市领先的桥下全民体育活动空间，实现了从“灰色高架桥”到“绿色运动场”的转化。类似的大面积桥下空间利用项目还有营门口桥下空间等，既扮靓城市景观，也提供了运动健身的桥下绿色空间。日月大道绿地空间项目原本计划建设篮球场，由于周边市民认为篮球场噪声较大影响休息，运营方及时调整为羽毛球场，得到了社区居民认可。

六是创新模式，为“金角银边”注入活力。充分调动国有资本和社会资本共同参与“金角银边”空间开发和建设工作，植入包括公共服务功能新场景和全龄体育设施等业态。改变传统以政府为主导的投资建设模式，创新“经营权有偿使用”“以用代管”等模式，引入成都文旅集团等国有资本及其他社会力量踊跃参与项目建设，推动政府转变职能，减轻财政负担。按照该模式，先后建设了“双桥子立交桥下篮球公园”“日月大道体育运动空间”等示范项目。项目建成后，主管部门还将对微更新、惠民生、优运营的“金角银边”优质项目统筹安排激励和奖励资金，建立“金角银边”空间运营管理动态考核机制，落实主体责任。

七是立足可持续发展，实现场景价值转化。以市场化运营实现“金角银边”场景空间价值转化，“金角银边”才能实现可持续运营管理和良性发展。在创新模式下，“金角银边”的市场化主体可以科学合理植入与空间调性相匹配的智慧体育设施、轻食休闲、艺体培训等复合型消费场景，为市民提供“家门口”高颜值与人性化服务并存的消费新去处。通过消费场景的市场化运营激发市场主体动力，以“共建共享”为方针提升公益设备设施、空间管理和场景运营效能，促进“金角银边”可持续发展。同时，“金角银边”因地制宜配备小型、多样、便民的文体、医疗公益设施，也能提供公益业态服务市民需求。如在双桥子篮球公园和东坡路社区运动角内，配备了相应的免费公益健身器材，加强与街道、社区合作，提供定期免费开放等便民服务，提升社区公共服务效能。

八是更新利用城市剩余空间打造“金角银边”经验启示。以市民需求为基础，强化文体旅商功能与生态景观功能复合。在政策引领和保障下，联动各区（市）县街道、派出机构等部门，梳理辖区内废弃和剩余空间，挖掘七大类城市剩余空间潜力潜能，向周边社区居民开展了细致摸排调研、听取意见，充分了解老百姓对“15分钟生活圈”建设的相关环境绿化、文教体医、社会福利服务以及商业配套服务方面的需求和意见，进一步加强景观植入、设计手法，提升空间品质，让更多的剩余空间成为兼具生态性、文化性、艺术性与实用性的“非典型公园”，确保空间利用真正解决老百姓的痛点和难点。搭建社会参与平台，引导市场主体参与。结合“花惠万家”等工作，引导市场主体参与“金角银边”的空间设计、营造和运维，引入文体旅商企业参与“金角银边”空间场景营造。鼓励各区（市）县发动国有企业、社会企业、社会组织积极参与，扶持壮大以社区居委会为特别法人发起成立的社区社会企业，根据社区居民新消费需求打造社区“金角银边”。支持社区微更新、社区美空间、社区运动角、社区花园建设，打造“金角银边”。以剩余空间利用为载体，多元开展群众性主题活动。组织开展城市“金角银边”空间利用系列设计大赛，形成共建公园城市的良好氛围。鼓励利用“金角银边”示范场景举办文化、科普、体育等主题活动，引导周边住户和商家自发更新业态，选聘“市民园长”“市民监督员”参与管理。注重因地制宜，完善政策措施。围绕大运会氛围营造，结合我市城市更新、“两拆一增”、历史文化街区打造、桥下空间利用等项目实施，因地制宜推进“金角银边”示范点位建设，进一步探索“EPC+O”“以用代管”等模式，总结市场主体参与城市剩余空间更新利用经验。进一步完善用地审批、方案审查、合作协议签订等相关程序。进一步规范市场监管、消防、卫生等证照办理流程，推进城市剩余空间有效利用。

六、构建自然与城市无界融合的兴隆湖生态公园

2018年2月11日，习近平总书记来川视察时，在成都市天府新区兴隆湖畔首提“公园城市”理念；同年4月26日，习近平总书记在深入推动长江经济带发展座谈会上，结合视察成都锦江流域生态环境情况，对天府新区治水成效给予肯定，并教给我们“总体谋划、久久为功”的治水方法；2020年1月3日，习近平总书记在主持召开中央财经委员会第六次会议，部署成渝地区双城经济圈建设时，重点强调“筑牢长江上游生态屏障”。天府新区牢记习近平总书记重要指示，以兴隆湖生态公园为抓手，在公园城市建设中创新探索城水共荣实践，致力打造山水人城和谐相融样板。兴隆湖生态公园，规模6500亩，水域面积4500亩，绿道长度8.8千米。作为天府新区建设公园城市重要理念的开山之作，兴隆湖生态公园建设坚持生态优先、绿色发展，从生态系统性和流域整体性出发，构建鹿溪河流域蓝绿交织的流域生境网络，勇担筑牢长江上游生态屏障使命，奠定科学城起步区的生态基底和城园融合的布局，为人气集聚和产业吸附打下了坚实的基础。

一是传承千年治水智慧，创新天府生态工法。首先，开展系统治水，构建公园城市水安全。坚持以全域水系规划为根本，系统梳理兴隆湖水安全的关键要素，从源头、路径、终端、下游成体系筑牢水质保障措施，实施分洪、引水、截污、治污、沉沙、拦渣等工程，推进水生态、水生物、临水一体化等水质提升构建工程。其次，借鉴战国时代李冰父子都江堰生态智慧、传承川西传统农耕生态智慧，大胆创新拓展，创建了具有天府新区特色的系列生态技术及工法，包括以湖泊一体化修复设计为标志的“湖库整体修复工法”，以林水一体化为代表的“湿地系统重建工法”，以沉水植物群落配置＋水下多维食物网结

构为代表的“水生生命系统重建工法”，以界面生态结构＋多维生态水岸为标志的“水岸修复生态工法”，对生态工程技术领域在深度和广度上创新拓展。最后，实施生态修复，推进生态景观自然化。尽最大限度保留原始生态本底，梳理残次植被并实施修复，构建自然生态群落，基于科学生态性，叠加景观美学原理，以拟自然的方式提升群落生态性，在鹿溪智谷、兴隆湖岸线形成一个动态平衡、相对稳定、可自我调节的近自然生态群落结构。

二是促进生态价值转化，探索“公园＋”新路径。首先，以生态投入吸引高能级的科研项目产业投资，以公园城市品牌带动经济高质量发展。在兴隆湖良好生态环境基础上，成都科学城建设 4 个领域天府实验室、未来承接 3 个领域国家级实验室，布局重大科技基础设施 6 个、科教基础设施 6 个，国家级创新平台 88 个、国家级科研机构 25 家、校院地协同创新平台 56 个，引入院士、国千等高层次人才 2000 余名。通过布局“大装置”、集聚“国家队”、拓展“高校圈”、打造“人才港”、发展“新经济”等举措，吸引国家能级重大功能和高端科技人才。其次，通过打造高品质科创空间，为科技创新人才营造优质办公环境，为天府新区争创建设综合性国家科学中心、打造数字经济核心承载区提供强有力支撑。最后，对标国际，建设国家级水上运动训练及赛事基地，以帆船、赛艇、皮划艇等水上项目为引领，设置可承办国际级专业比赛的极限运动场地、环湖 8.8 千米专业跑道等，打造运动赛事场景。

三是自然与城市无界融合，创造多元活力公园街区。首先，按照“整个城市就是一个大公园”的理念，通过溶解城园边界、开放共享空间、绿色交通营建等举措实现由“社区中建公园”到“公园中建社区”的转变。结合水上及水岸人为干扰影响评估，适度开放相关水上活动，科学划定人群活动区域，植入生态休闲、健康运动、亲子娱乐、商业消费等休闲娱乐设施，打造多彩水岸场景。其次，按照以人为本、绿色发展的理念，着眼于人文关怀，助力推广“双碳”目标实现，沿湖建设的独立绿道体系无缝衔接生产、生活、生态空间，串联起缤纷生活水岸。最后，坚持以人为本理念，全方位提升水上运动中心、湖滨广场、南岸咖啡馆、空中篮球场、湖畔书店等休闲运动场景，打造1.3万平方米兴隆长滩，形成330米的白色沙滩湖岸线，塑造精品化网红空间，投入低碳普惠设施，精准化匹配民众需求，积极创造未来公园社区的生活、消费、活力交往、休闲新场景。

七、“未来之湖”理念打造东安湖公园生态实践探索

一是城园相融的生态景观。东安湖公园是大运会重点保障项目、天府蓝网示范项目，分为水库工程和生态修复工程，构建湖、河、溪等十大水系形态，区域内实现土方自平衡。东安湖公园响应公园建设生态要求，建设秉承尊重自然、顺应自然、保护自然、因地制宜科学合理开展城市生态建设的原则，通过蓄塘成湖，留木成林，因势聚山，借渠引水，打造山水林田湖草复合生态系统，呈现山环水抱格局，栽植本地乡土树种和低维护灌草，构建密林、花田、湖泊等八类生境，构建完善生态基底，提升生物多样性和自我调节能力。同时实施河湖分离、全面控源截污，采用控、改、构、提、增、维方式实施水体综合治理，采取生态植草沟、雨水花园等海绵城市建设措施降低地表径流，水质达到地表Ⅱ类水标准。栽植树木预计年增氧1374吨，固碳2290吨，吸引大量野鸭、白鹭等安家落户。东安湖公园根据空间特色和生态基底，结合周边的城市建设用地功能，以古驿文化为主线构建人文场景和消费场景，融合文化艺术、休闲娱乐、亲水互动、生态科普等功能，全力践行打造景观化、景区化、可进入、可参与的新发展理念开放型城市生态公园典范。

二是极具特色的品质盛景。东安湖公园以“一湖一环、七岛十二

景、二十四桥”作为景观生态布局，湖区山环水抱，十大水系形态各异。环湖 11 千米绿道，四季景观特色分明，以世界大运之环为主题，形成一条最美公园路；成蹊岛、爱情岛、书香岛、竹语岛、溪峰岛、活力岛、运动岛“七岛”文景交融、主题鲜明；东阁望川、东安竹语、溪峰河宴、桃李龙泉、书房澄泓、锦城花重、梅坡溪桥、神鸟迎宾、帆影竞渡、驿台荷风、活力西江、丽日戏沙展现了新时代“东安十二驿”盛景；充满诗意的二十四桥串联东安十二景，描绘出一幅面向世界、拥抱未来的画卷。

三是不断完善的功能配套。东安湖公园内设置 4 个游客服务中心、12 处便民服务点、7 座志愿者服务小站等线下综合服务站点，各服务点位主要功能围绕展示功能、服务功能、管理功能、特色功能四大分类，为游客提供接待、预订、信息、餐饮、购物、住宿、租赁、阅览、医疗卫生及其他便民服务。在交通配套方面，公园内部交通有观光车、游览代步车；外部交通有 K6 快速公交直达，地铁 2 号线直达，交通十分便捷。公园内打造有银沙集市区，忆桃源西餐厅、麦当劳等餐饮配套。在产业集群方面，公园周边分布有文化艺术中心、剧院、图书馆等产业集群。公园南侧有大型商业综合体新城吾悦广场、室内各类特色餐饮品牌、室外美食街特色风情小吃，经营范围涵盖咖啡、快餐、西餐、日料、韩料等。东安湖公园周边住宿资源丰富，分布大小酒店住宿 20 余家，包括东安阁酒店、木棉花酒店等星级酒店。周边配套建设了图书馆、艺术中心、剧院等公共服务项目。

四是低碳丰富的文娱产品业态。以养身、养心、养性为着力点，通过区域内酒店民宿类产品，为旅游者提供生态调养、文化休闲、亲子娱乐、养生 SPA 等康养服务。在运动产品方面，依托园区现有约 11 千米的环湖绿道，四季景观特色分明，以世界大运之环为主题，配备智慧运动互动设备（智慧驿站、智慧跑道、智慧健身设施等），形成了一条人文、科技与自然交融的最美公园运动跑道；度假区内运动岛面积约550亩，以“全民运动、健康生活”为主题营造全龄段运动场景。另有以水上运动为主题的特色景点“竞舟驿”，承接皮划艇、小帆船等趣味水上运动的举办，在亲子娱乐、亲子课程等方面为全家休闲度假提供欢乐时光。

五是极具特色的景观亮点。东安湖公园区分布1.2千米象牙红景观道、2.2千米紫薇石榴景观道、2.8千米彩叶景观道、2.0千米芙蓉水道、1.4千米银杏景观道、110亩樱花园、120亩梅花园等特色植物群落组合。在文化塑造方面，东安湖公园以古驿文化为统筹，林盘文化为重点，结合诗词文化、大运文化等其他元素，形成多元融合的东安湖文化氛围和丰富多彩的文化体验。在水域管理方面，东安湖公园已建立水下植物群落，通过“水下森林”大幅度降低水体氨氮，吸收水中的营养盐，竞争养分和光照，抑制了藻类生长，避免水中富氧化；同时，水下植物群落为水生动物提供庇护所、食物和产卵环境，从而构建起一个生态链平衡系统。在智慧公园管理方面，东安湖公园以智慧管理平台为基石，通过各大智慧展示场景，实现多功能融入项目物业管理，在提升市民体验的同时极大提升了管理效能，实现了智慧公园的转型，成为成都公园管理先行示范区，目前已引入智慧清洁机器人、智慧驿站、智慧跑道系统、智行者餐车等智慧化场景与设备。

六是新发展理念的社会价值。东安湖公园作为成都公园城市示范区建设的缩影，以天府蓝网理念为指引，充分考虑水岸城融合，探索水生态价值创造性转化，聚焦景水和谐，发挥河湖综合效应，注重场景营造，强化配套支撑，保护了生态环境基底，构建了蓝网大美形态，实现了生态价值转换。东安湖公园践行了新的公园城市发展理念，探索山水人城和谐相融新实践和超大特大城市转型发展新路径，为城市发展与产业、生态、社会的融合提供了典型解决方案，成为践行新发展理念的公园城市示范区新典范。

八、着力推动人城境业和谐统一的泥巴沱森林公园

一是构筑城园相融的生态格局。作为城市片区开发的引擎，泥巴沱森林公园按照“先收储、再打造、再供地”的时序进行滚动开发，遵循“让森林走进城市，让城市拥抱森林”的理念，以打造城市森林公园为核心定位，依托新都毗河的自然生态水岸风景，以林为骨，以水为脉，构建形成集生态修复、绿色游憩、运动休闲、防灾避险等功能为一体的复合型城市生态体系，成为全市“两环、两楔、两山、三河、五湖”城市生态格局中的重要组成。泥巴沱森林公园通过构筑“O”形生态水环，连通场地东西侧，将分散且不规则的大地块进行整合，营造由潜流湿地、溪流、雨水花园、大湖面、干湿塘等组成的水体珍珠串游赏体系，创造宜人游赏环境，提升区域地块品质，同时链接周边街区和森林湿地，配合毗河水带及珍珠水串，化零为整，形成“一环串三园”“一带连四区”“一串带四圈”的特色结构布局，构筑城园相融、蓝绿交融、人城和谐的城市生态格局。

二是探索生态景观提升的创新模式。泥巴沱森林公园以生态优先、绿色发展为导向，从水环境质量、防洪能力、生态系统、亲水景观等方面对毗河水系及沿岸生态进行系统改善和提升，实施截污治污等 8 大系统、16 个大项的治理措施。建立起对毗河生态环境全过程监管系统，提升生态环境预警水平及决策能力，搭建智慧化平台，保证生态环境的长效智慧管理，逐步实现了全流域水质稳定达优，毗河流域水环境得到根本改变。同时，按照“景观化、景区化、可进入、可参与”理念，高标准建设绿道体系、城市公园，新增绿化 50 余公顷，森林覆盖率达到 85%，城市热岛效应降低 3℃，打造城市绿心、绿网，涵养片区生态价值，每年由泥巴沱森林公园提供的氧气近 3 万吨，成为名副其实的“新都绿肺”。目前泥巴沱公园已由原来的郊野偏僻区域变为

城市核心区域，紧邻的毗河也成为天府绿道“一轴两山三环七带”中七带之一的主干绿道打造区域，通过“毗河水环境治理＋公园景观修复提升”，开创性地打造出“城市中心生态乐园”，成为老百姓引以为豪的城市会客厅。

三是推动生态价值转换的新都样板。泥巴沱森林公园通过运用生态建设手法，有机融入“绿道＋文体旅商”场景，在保留泥巴沱生态本底的前提下，重点植入音乐文创、运动健身、休闲旅游等功能业态。比如，融入小而美的沱水记忆文化展厅，构建历史文化与现代时尚交相辉映的文化标识体系，融入智慧化管理、互动体验设施，推动天府文化的可阅读、可感知、可欣赏、可参与、可消费，丰富市民文化体验。以读城、游林、拾趣、乐活为理念，打造丛林探险与水上乐园、书香文创综合体、泡泡营地、沱江记忆、画卷栈道、滑板花园、屋顶跑道、趣重力乐园、健康领地九大消费景点，满足全年龄段市民的需求。目前，泥巴沱森林公园日接待游客近万人次，年收入600余万元，已成为口碑相传、休闲娱乐的新都网红打卡胜地和绿道特色商业经济圈代表。此外，泥巴沱森林公园以优良的生态环境带动了城市能级的整体跃升，公园周边工业企业逐步调迁、土地用地转型，吸引了万科、远洋、润扬等众多知名地产集团，高品质楼盘聚集在公园周边，新增居住人口上万人，同时带动周边原有楼盘户均增长价值50万元，商铺出租率由0提升至80%，租金涨幅近3倍，实现城市空间、资源配置的“双优化”，盘活了城市绿色空间资源，为城市延伸了公共空间。

九、“十”字绿廊演绎空港公园探索

双流“十”字绿廊又称“五湖四海”（凤鸣湖、凤翔湖、凤舞湖、凤转湖、凤栖湖“五湖”和芙蓉海、红枫海、紫薇海、翠竹海“四海”）公园聚落，自2007年启动规划设计，立意彩凤展翅，象征航空港腾飞发展之意，总规划面积 8000 亩，现已建成开放约 5000 亩，总投资约 26 亿元，44 千米绿道串联国际空港商务区等四大产业功能区，公园内外配套有博物馆、体育馆、儿童友好公园 20 余处公服设施，与社区有机融合，服务市民 70 余万人，演绎了一幅生态健康、全龄友好的生活美好场景，见证了双流强劲腾飞、迭变发展的历史轨迹，展现了城园相融、蓝绿交织的公园城市空港画面。

一是谋定城园相融牵引迭变发展。在双流老城向新城过渡区域，谋划机场西片区约 33.3 平方千米城市发展，实现“城市在公园中、公园在城市中”。10 余年前开展高水平规划设计，以 5.3 平方千米“十”字绿廊划分形成四大板块，避免城市粘连发展导致的“大城市病”，以产城一体发展理念实现职住平衡。其中老城综合服务组团 12 平方千米，北部商务区—蛟龙港组团 8 平方千米和西部成都芯谷组团 8 平方千米，基本实现职住平衡。跳出机场枢纽城市集中连片紧贴航空限高开发模式，遵循航空限高阶梯曲线布局规律，以公园蓝绿开敞空间为抓手，以城园嵌套组团布局为特征，构建大开大阖、错落有致的城市天际线。优化城市综合服务、产业发展和非核心功能布局，集聚银河 596 中核物理研究院、中电九天、香港城市大学等诸多重点产业项目，增加文化旅游等开敞空间，探索公园城市建设路径。新老市民常把“五湖四海”作为地理标识，现已成为各类人才落户的重要因素。

二是凸显人本逻辑做优宜居场景。突出做强城市核心区“绿肺”，按照“景观化、景区化、可进入、可参与”理念，在新老城间密集聚居区域，掇山理水形成“五湖四海”大面积连片蓝绿廊道。绿廊内部系统打造、优化提升，从绿道系统、水生态治理等方面进行专项设计，打造山、水、景、林、色等相融相依、疏密有致的城市界面。推进场景营城，做优宜居环境，内外联动布局景观展示、娱乐文体、商业服务、保障服务等各类消费场景，形成业态互补相融又各具特色的场景形态，营造出“出则繁华、入则宁静”的场景意境，推动要素营城向场景营城转变。结合“15分钟公共服务圈”建设要求，着眼便民惠民融入文体旅商，在周边建成图书馆、体育馆等公服设施。深度挖掘地域文化，植入双流古八景、航空文化，彰显“都广之野”文化本底和现代空港文化；举办全民健身运动会、国际青年网球大师赛、明星演唱会、诗歌音乐节等活动，丰富广大市民的文体生活。

三是完善功能业态提升生活品质。植入多元功能提升园区品质，布局4大类29处空间场景，包括入口广场等景观展示类、儿童乐园等娱乐文体类、茶咖等商业服务类、游客接待等保障服务类。绿道全园通达，44千米绿道、18座跨河人行桥、6条下穿人行通道、1座生态廊桥连接了全园各个景点。水系网络十字贯通。依托南北向白河贯通“五湖”、东西向杨柳河三支渠连接“四海”。通过维育栖息环境促发生态见学，谨慎修枝清灌，精心维育蛙鸟鱼虫栖息环境，遵循生态系统生成规律，以植物多层次多样性支撑生物多样性健康发展。人居环境近距离与多种生物共生，便于组织青少年儿童进行观鸟识花等生态见学活动，促进人的全面发展。启动建设10余年来，该项目已成为深得民心的幸福工程，周边500米覆盖东升、黄水等核心区域，树木葱郁、空气清新、景致秀美的城市公园“绿肺”，极大提升了市民对生态环境的获得感、幸福感，满足群众对绿色生活的新期待。

四是探索林园一体量化生态碳汇。按照国家核证自愿减排机制（CCER）备案标准，探索林园一体生态碳汇数量化方法学，以双流为样地，探索首个城市绿化碳汇项目方法学，形成林园一体可测量、可报告、可检验的碳汇计量标准，推进绿化碳吸收数量化。持续完善“3＋1＋N”的林长制工作体系建设，聚合各方力量，终端见成效，将林业园林资源管理平台、公园管理平台、绿化管护平台、森林防火平台、绿道管理平台等进行整合，推动建立林园一体智慧化综合管理平台，旨在实现林业园林资源管理智慧化、智能化。2022年10月，双流区数字赋能林长制的实践和创新课题获得国家林草局负责领导肯定性签批。2022 年 11 月，双流区“‘林园一体’厚植绿色生态本底‘三生融合’创新多元价值转化”、“践行‘两山’理念、创新‘生态+’文化旅游发展的空港表达”的经验做法分别入选“2022 绿水青山就是金山银山实践典型”和“2022 生态自然旅游新空间”称号。

十、全面推行林长制，护航公园城市生态价值转化

林长制是全面贯彻落实习近平生态文明思想和新发展理念的重大实践，既是完善生态文明制度体系的重大举措，也是守住自然生态安全边界的必然要求，能有效解决林草资源保护的内生动力问题、长远发展问题、统筹协调问题，实现林园事业高质量发展，不断增进人民群众的生态福祉，更好地推动生态文明和美丽中国建设。根据国家、四川省全面推行林长制相关文件精神，结合公园城市林园一体的特点，成都市委办公厅和市政府办公厅印发了《关于全面推行林长制的实施意见》，其中一项重要任务就是要求创新生态价值转化，明确建设现代林业产业园区和产业基地，持续探索以场景营造促进生态价值转化的路径机制，积极开发生态碳汇项目等工作任务。成都市林长制工作紧紧围绕推动林业园林资源保护发展和安全的职能职责，实施生态保护、生态发展、生态安全，在保护好林业园林生态资源的同时，着力把资源优势转化为发展优势。

一是健全林长制责任体系，全面筑牢公园城市生态安全。成都市林长制系统构建起市统筹、区（市）县主责、镇（街道）运行、村（社区）落实的整体运行机制，与河（湖）长制、田长制、社区治理等工作有机贯通，创新谋划林长会议、部门协作、工作督查、考核激励、信息公开 5 项工作制度，形成纵向到底、横向到边、条块结合的整体联动格局。首先，健全组织体系。设有 6773 名林长、4096 名护林员、3378 名监管员，全市 30 家协作（联络）单位横向联动、齐抓共管，

市、区（市）县、镇（街道）三级林长制办公室挂牌运行，全市林长制组织体系全面建立，确保山头有人巡、后台有人盯、问题有人查、成效有人问。其次，加强制度建设。将林长制工作纳入市委、市政府重点考核督办（A类考核），并落实林长制工作考核财力奖励资金，实行分区分类考核，充分调动和激发各地保护发展林园资源的积极性、主动性和创造性。健全任务清单、问题清单、整改反馈清单和工作提示（督办）函的“三单一函”制度，自全面推行林长制以来推动成都市各级林长带着问题巡林34.9万次，发现并解决问题1.8万个。最后，创新源头管理。印发《成都市园林绿化网格化管理暨“微网实格”治理体系建设实施方案》《成都市森林草原防灭火网格化管理暨“微网实格”治理体系建设实施方案》，全市建有林长制专属网格3711个，设专属微网格员7996个，充分利用“微网实格”机制科学合理划分责任网格，将林业园林监督管理责任落实到最小单元，延伸到“关键一米”。

二是突出林长制林园共治，持续巩固公园城市生态本底。成都市林长制以建设践行新发展理念的公园城市示范区为统领，坚持山水林田湖草沙一体化保护和系统治理，在严格落实党中央、国务院和四川省委、省政府要求的基础上，提高林长制生态多元立体治理效能，加强林业园林资源生态保护修复，推动重大生态工程建设，切实厚植公园城市绿色本底。首先，明确成都林长制责任范围，具体包括森林、林地、湿地、公园、绿地、绿道以及生物多样性保护，坚持问题导向和需求导向，通过整体保护、系统修复实现城乡林业园林资源保护全覆盖。其次，加快推进实施重大生态项目，以“五绿润城”“全域增绿”“百花美城”行动、“百个公园”示范工程为牵引，在大熊猫国家公园、龙泉山城市森林公园、环城生态公园和锦江公园4个重点生态区创新设立了跨区域的重点生态区林长，推动形成“国家公园＋自然保护区＋自然公园”协同保护发展格局。最后，严守生态保护红线，落实最严格的林业园林资源保护管理制度，始终绷紧森林防火这根弦，严厉打击违法违规使用林地、毁绿损绿等行为。2023年成都市先后发布《关于加强林业园林资源保护发展和安全重点工作的令》（第1号林长令）、《加强全市森林草原防灭火工作的令》（第2号林长令），市林长办会同市委、市政府督查室向各区（市）县林长发出做好森林督查问题整改的工作提示，联合开展专项督查，建立起案件会审制度和查处整改“红白榜”通报制度，充分发挥林长制牵引作用，全力维护林业园林资源安全。2022年完成森林质量精准提升11万亩，修复大熊猫栖息地6万亩，新建各级绿道800千米（累计建成6000千米），新增城市绿地1800公顷，全市森林覆盖率达40.5％、同比增加0.17个百分点，违法占用林地面积同比下降42.7％，全市未发生森林草原火灾，森林火情同比下降77.9％。

三是强化林长制产业赋能，有效推动公园城市价值转化。把全面推行建立林长制作为“两山”理论的生动实践，成都市立足都市现代林业发展特征和丰富生态资源，明确林长制工作主要任务，要大力发展绿色经济，积极培育森林康养、生态旅游、林盘创意等新业态新模式，探索构建“林长＋链长”、“林长＋基地”、产业林长、“林长＋产业＋科研”等产业发展机制，解决产业发展中遇到的难点堵点问题，加快探索生态产品价值实现路径。首先，建设现代林业产业园区和产业基地，大力发展木本油料、竹产业、花卉苗木、林下经济、森林康养、生态旅游等绿色惠民产业，提升生态产品供给能力。全市已培育认定省级森林康养基地30个，省级自然教育基地40个，省级森（竹）林人家19个，市级森（竹）林人家121个。其次，持续探索以森林场景营造促进生态价值转化的路径机制，创新“森林＋”“公园＋”“绿道＋”“林盘＋”等绿色经济模式，探索形成“林子＋院子”“森林＋民宿”未来森林社区、“林盘＋田园商务”模式、川西林盘保护修复和乡村振兴融合发展等多元价值转化路径，促进林商文旅体融合发展。最后，积极推进林业碳汇项目开发试点，开展林业碳汇潜力评估，探索碳汇生态产品价值实现机制。2022年11月，成都完成了首例生态类碳减排量交易，成都绿色氢能产业功能区管委会认购郫都区饮用水水源地的川西林盘、徐堰河柏条河两河绿道、云桥净菊湖泊湿地、测土配方施肥的碳减排项目，用于部分抵消园区生产过程中产生的碳排放，经审核年碳减排量达6470吨，认购费用约27.8万元。2023年2月，成都天府新区川西林盘碳汇线上交易在四川环境交易所正式达成，挂牌交易计入期为2020年至2040年，预计累计实现碳减排量240吨，标志着川西林盘作为独立生态碳汇项目在全国范围内第一次通过碳汇市场线上挂牌交易实现价值补偿。

四是创新林长制协同治理，加快实现公园城市共建共享。针对林业园林资源保护发展的内在规律和鲜明特质，成都市探索林长制的多元化共治模式，创新建立市场化、专业化、多元化投入保障机制，推行林长制实施情况第三方评估，探索“市民林长”“村民（居民）自治＋林长制”等全新模式，激励社会主体积极参与，实现公园城市“生态红利”的共建共享，形成绿色发展新风尚。首先，建立司法协作机制。建立健全“林长制＋法院”“林长＋检察长”协作机制，市检察院、市林长制办公室联合印发《关于建立“林长＋检察长”协作机制的工作意见》，大熊猫国家公园成都片区创新开展“林长制＋生态司法＋法学研究”协作，成立了全国首个跨区域林长制法官工作站。其次，探索多元“林长”模式。在“一长两员”和村（社区）网格员的基础上，充分发动社会公众（志愿者）广泛参与，积极探索“小林长”“市民林长”“山头长”、项目林长、“村民（居民）自治＋林长制”等新模式。最后，创新“包山头”植树活动。成都市通过线上线下结合、专群结合、主题林建设与集中活动结合、植树履责与重大生态项目建设结合的“四结合”方式，开展“包山头”植绿护绿活动，推动形成全民动手、全社会参与、科学务实绿化的良好氛围。近年来，四川省、成都市市直机关和高校、企业、金融机构每年有300余家单位近19万人次参与“包山头”履责活动，带动社会面6.6万人次参与，累计完成营造林2.4万亩。

参考文献

[1] 中共中央宣传部．习近平生态文明思想学习纲要 [M]. 北京：人民出版社，2022：27.

[2] 马克思恩格斯文集：第 9 卷 [M]. 北京：人民出版社，2009：437.

[3] 习近平．习近平谈治国理政：第 3 卷 [M]. 北京：外文出版社，2020：360.

[4] 阿瑟·赫尔曼．文明衰落论：西方文化悲观主义的形成与演变 [M]. 上海：上海人民出版社，2007：23.

[5] 戴圣鹏．人与自然和谐共生的生态文明 [M]. 北京：社会科学文献出版社，2022：8.

[6] 弗洛伊德．一种幻想的未来文明及其不满 [M]. 上海：上海人民出版社，2007：22.

[7] 季昆森．建设生态文明增强可持续发展的能力 [J]. 江淮论坛：2011 (6) .

[8] 张春燕．百年一叶 [J]. 中国生态文明，2014 (1) .

[9] 王雨辰．走进生态文明 [M]. 武汉：湖北人民出版社，2011：37.

[10] 马克思恩格斯全集：第 3 卷 [M]. 北京：人民出版社，

2002：272.

[11] 马克思恩格斯文集：第5卷 [M]. 北京：人民出版社，2009：207-208.

[12] 泽尔纳．生态经济学：解决环境问题的新尝试 [J]. 国外社会科学，1998 (3)：87.

[13] 戴圣鹏．人与自然和谐共生的生态文明 [M]. 北京：社会科学文献出版社，2022：10.

[14] 刘煜，朱成全．回到马克思：生态经济学的偏废与重塑 [J]. 经济学家，2022 (3)：13.

[15] 马克思恩格斯选集：第4卷 [M]. 北京：人民出版社，1995：385.

[16] 马克思恩格斯全集：第20卷 [M]. 北京：人民出版社，1971：38-39，521.

[17] 马克思恩格斯．德意志意识形态：节选本 [M]. 北京：人民出版社，2003：25-26.

[18] 吕世荣，周宏．唯物史观的返本开新 [M]. 北京：人民出版社，2006：103.

[19] 中共中央宣传部．习近平生态文明思想学习纲要 [M]. 北京：人民出版社，2022.

[20] 洪修平．论儒佛道三教的生态思想及其异辙同归 [J]. 世界宗教研究，2021 (3)：2.

[21] 河山公，王弼．老子道德经注 [M] 南京：凤凰出版社，2017：21.

[22] 陆元炽．老子浅释 [M]. 北京：北京古籍出版社，1987：55.

[23] 习近平．推动我国生态文明建设迈上新台阶 [J]. 求是，2019 (3)：6.

[24] 梁家河 [M]. 西安：陕西人民出版社，2018：15-24.

[25] 刘玉新．习近平生态文明思想的演进 [D]. 上海：上海师范大学，2020：22.

[26] 习近平同志在正定 [N]. 河北日报，2014-01-03 (1).

[27] 正定确实是习近平同志从政起步的地方：习近平在正定 [N]. 学习时报，2018-01-24 (3).

[28] 习近平．知之深 爱之切 [M]. 石家庄：河北人民出版社，2015：137.

[29] 黄承梁．习近平生态文明思想历史自然的形成和发展 [N]. 人民日报，2020-01-07 (1).

[30] 这个年轻的副市长与众不同：习近平在厦门 二 [N]. 学习时报，2019-07-17 (1).

[31] 习近平同志在推动厦门经济特区建设发展的探索与实践 [N]. 人民日报，2018-06-23 (1).

[32] 曹前发．一种走来的生态情怀 [J]. 中国林业产业，2023 (6)：84.

[33] 习近平．山海协作 联动发展 加快建设海峡两岸繁荣带 [J]. 福建通讯，1995 (10)：5.

[34] 习近平．扎扎实实转变经济增长方式 [J]. 求是，1996 (10)：30.

[35] 辛本健，顾春，王洲，等．习近平叮嘱我们护好绿水青山 [N]. 人民日报，2018-09-16 (1).

[36] 习近平．干在实处走在前列：推进浙江新发展的思考与实践 [M]. 北京：中共中央党校出版社，2006：186.

[37] 邢晓丽．变绿水青山冰天雪地为金山银山 [N]. 伊春日报，2016-03-25 (2).

[38] 新华社．习近平在东北三省考察并主持召开深入推进东北振兴座谈会时强调解放思想锐意进取深化改革破解矛盾以新气象新担当

新作为推进东北振兴［J］．奋斗，2018（19）：1－12．

［39］习近平总书记系列重要讲话读本［M］．北京：人民出版社，2016：123．

［40］中共中央宣传部．习近平新时代中国特色社会主义思想学习纲要［M］．北京：学习出版社，人民出版社，164－170．

［41］韩博，金晓斌，孙瑞，等．面向国土空间整治修复的生态券理论解析与制度设计［J］．资源科学，2021，43（5）：859－871．

［42］李维明，李博康．重庆拓展地票生态功能实现生态产品价值的探索与实践［J］．重庆理工大学学报（社会科学版），2020（4）：1－5．

［43］王静怡．基于林票制度的重庆市森林生态产品价值实现研究［D］．重庆：西南大学，2022：74．

［44］王玮彬，李珊．福建省三明市林票制度改革实践与探索［J］．林业资源管理，2021（4）．

［45］吴平，祝瑗穗．乡村振兴背景下绿色金融助力生态产品价值实现的路径研究［J］．农村金融研究，2022（3）：51－55．

［46］亚历山大・基斯．国际环境法［M］．张若思，译．北京：北京法律出版社，2000：3．

［47］坎宁安．美国环境百科全书［M］．长沙：湖南科技出版社，2003：181．

［48］马克思恩格斯文集：第1卷［M］．人民出版社，2009：161．

［49］习近平．习近平谈治国理政：第1卷［M］．北京：外文出版社，2018：208．

［50］王昕宇，黄海峰．基于生态足迹模型的县域可持续发展研究：以宜宾市为例［J］．农村经济，2016（7）：84－89．

后　记

筑牢长江黄河上游生态屏障，要站在中华民族永续发展的高度理解，长江、黄河是中华民族的母亲河，四川既是长江上游重要的水源涵养地、黄河上游重要的水源补给区，又是全球生物多样性保护重点地区，因而主动承担着长江黄河上游生态屏障建设的责任，把生态文明建设这篇大文章做好，既是为国家生态安全作出的庄严承诺，也是为中华民族代千秋万代肩负的历史使命。

四川作为国家战略大后方和全国经济大省，正处于新型工业化转型与生态文明建设协同推进的关键阶段，产业绿色升级与环境污染防治压力较大，生态环境状况仍面临严峻形势，大气、水、土壤等环境污染问题突出，部分地区生态脆弱，自然灾害频发，资源环境约束趋紧，节能减排降碳任务艰巨，生态文明体制机制不够完善，全社会生态、环保、节约意识还不够强，因此树立和落实绿色发展理念、推动发展方式转变已成为刻不容缓的重大历史任务。党的十八大以来，四川肩负经济发展和生态文明双重责任，统筹处理高质量发展和高水平保护问题，完整准确全面贯彻新发展理念，积极融入和服务新发展格局，大力推动高质量发展，抢抓国家重大战略机遇，以成渝地区双城经济圈建设为战略牵引，加快形成优势互补、高质量发展的区域经济布局，全省经济持续平稳健康发展，总体质量显著提高，综合实力大步跃升。

筑牢长江黄河上游生态屏障是千年大计，必须树立“山水林田湖是一个生命共同体”的理念，把保护修复生态环境摆在压倒性位置，以大规模绿化全川行动为重点，全面增强自然生态系统服务功能，为保护长江黄河、维护国家生态安全作出更大贡献。

本书是2023年中共成都市委党校学习贯彻习近平总书记来川视察重要指示精神重大专项课题“筑牢长江黄河上游生态屏障持续发力”研究成果。本书出版之际，衷心感谢国家行政学院出版社及中共成都市委党校科研处对本书给予的大力支持，高质量保证了本书出版工作。在此，谨对所有给予本书帮助支持的单位和同志表示衷心感谢。